いちばんやさしい

Python入門教室

改訂第2版

大澤文孝［著］

本書ご利用にあたっての注意事項

- 本書中の会社名や商品名は、該当する各社の商標または登録商標です。本書中では™および®©は省略させていただきます。
- 本書の内容は執筆時点においての情報であり、予告なく内容が変更されることがあります。また、本書に記載されたURLは執筆当時のものであり、予告なく変更される場合があります。本書の内容の操作によって生じた損害、および本書の内容に基づく運用の結果生じたいかなる損害につきましても株式会社ソーテック社とソフトウェア開発者/開発元および著者は一切の責任を負いません。あらかじめご了承ください。
- 本書で使用しているPythonは、Windows版・Mac版ともにバージョン3.11.2および3.11.4で解説しています。
- 本書掲載のソフトウェアのバージョン、URL、それにともなう画面イメージなどは原稿執筆時点のものであり、変更されている可能性があります。本書の内容の操作の結果、または運用の結果、いかなる損害が生じても、著者ならびに株式会社ソーテック社は一切の責任を負いません。本書の制作にあたっては、正確な記述に努めていますが、内容に誤りや不正確な記述がある場合も、当社は一切責任を負いません。

サンプルプログラムのダウンロードについて

本書で解説するPythonのサンプルプログラムは、書籍サポートサイトからダウンロードできます。下記URLからアクセスしてください。

書籍サポートサイト

http://www.sotechsha.co.jp/sp/1321/

ダウンロード可能なサンプルについて

ダウンロードできるサンプルコードには、のアイコンが付いています。

List example03-02-01.py

```
1  print(1+2)
2  print(3+4)
3  print(4+5)
```

自分でコードを入力してエラーが出たら、サンプルをダウンロードし、どこに問題があったのか確認してみましょう。

はじめに

前著から6年、おかげさまで本書は改訂を迎えました。

本書の目的は、「プログラミングの楽しさ」を伝えること。
昔は、手軽に趣味で始められたプログラミングも次第に複雑化し、いまでは、その道のプロフェッショナルでなければ扱えないものになってしまいました。
しかし、本来プログラミングとは、もっと気軽で楽しいものです。

本書は、プログラミングがまったくはじめてという人に向けて、プログラミングの考え方、プログラムの入力や実行の仕方などを、順を追って説明します。
そして、「数当てゲーム」「ウィンドウで円や四角、三角を動かす」というようなビジュアルで楽しく、実際に動く題材を作りながら、プログラミングの書き方を学んでいきます。

今回の改訂では、いま流行の機械学習を使った「画像認識」も扱います。写真のどこに何が写っているのかがわかるAIプログラムです。一般的なモノの識別だけでなく、カスタムな画像も学習できるので、このプログラムを応用すれば、たくさんの写真の中から「友達の顔が写っているものだけを探し出す」など実用的なこともできます。

本書では、掲載しているプログラムのサンプルを提供しています。できれば手を動かして、実際に動く様子を見ながら進めていくことをお勧めします。
そして、「この部分を少し変えるとどうなるのだろう」など、好奇心を持って少し改良してみてください。そうすることで、より理解が深まるはずです。

本書がプログラミングを始めるきっかけとなり、そしてプログラムの楽しさを伝えることができたら幸いです。

2023年9月
大澤文孝

CONTENTS

Chapter 1

プログラムってなんだろう

Chapter 2

Pythonを始めよう

Chapter 3

Pythonでプログラムを書くときのルール

Chapter 4

プログラムを構成する基本的な機能

Chapter 5

数当てゲームを作ってみよう

Chapter 6

数当てゲームをグラフィカルにしよう

Chapter 7

クラスとオブジェクト

Chapter 8

画像認識にチャレンジ

Appendix

付録

Chapter 1

プログラムってなんだろう

プログラムは、コンピュータに対する命令を書いた指示書です。
プログラムを作れるようになれば、コンピュータを自在に操れます。ゲームを作ったり、仕事で使うソフトを作ったりするのも、思いのままです。

Lesson 1-1

そもそも「プログラム」って何なのさ？

プログラムとは命令を集めたもの

電源を入れて、ワープロや表計算、Webブラウザ、メールなどのアイコンをクリックして起動すれば、さまざまなソフトウェアの機能が使えるのがパソコンです。こうした挙動をするのは、「そのような動作になるように組み込まれたプログラム」があるから。パソコンは、プログラムなしに何かが動くことはありません。

プログラムというと数字や記号などの羅列を思い浮かべちゃいます

コンピュータにいろいろな動作をさせるための「命令」と考えると分かりやすいですよ

その命令をプログラマが書くわけですね！

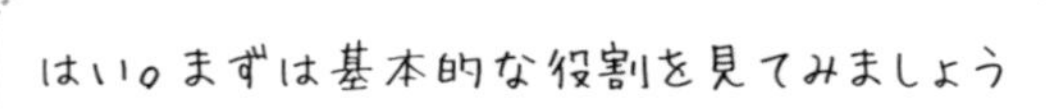

コンピュータに接続されている機器を制御する

コンピュータには、ディスプレイやキーボード、マウス、メモリ、ハードディスク、プリンタ、ネットワークなど、さまざまな周辺機器が接続されています。これらを「**デバイス(device)**」と言います。

プログラムは、こうしたデバイスに対して、どのようなやりとりをするのかを定めたものです（**図1-1-1**）。

ふだん、私たちがアイコンから起動している、ワープロソフトや表計算ソフト、Webブラウザ、メールソフト、そして、OSであるWindowsやmacOSに至るまで、「ソフト」と呼ばれるものの実体は、**すべてプログラム**です。

図1-1-1 プログラムはコンピュータに接続されているデバイスを制御する

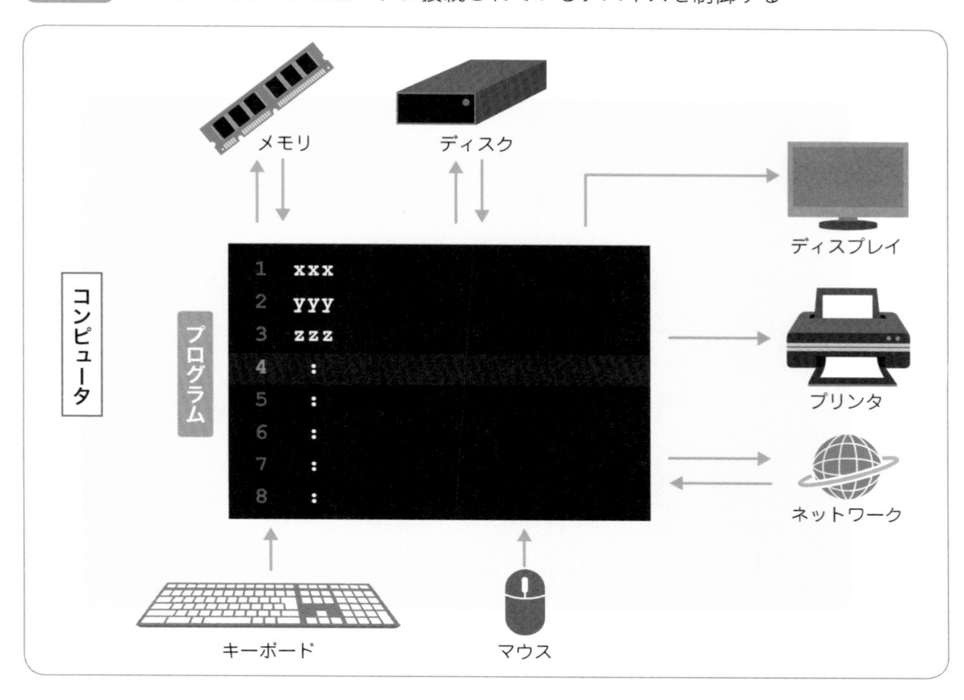

たとえば、電卓というプログラム

この説明だけではイメージがわかないと思うので、少し、具体的に説明しましょう。

例としてWindowsに付属している「電卓」を考えます。電卓は、Windowsを開発しているマイクロソフト社が作った「**プログラム**」です。

電卓には、数字のキーや「+」「−」「×」「÷」などの四則演算キー、結果を計算する「=」キーなどがあります。

たとえば「1」のキーを押すと、画面には「1」と表示されます。これは電卓のプログラムに、「1」のキーが押されたら「1」と表示するという**命令**が書かれているからです。

ふだん私たちは、「1」のキーが押されたら「1」と表示されるのは当たり前と思っていますが、コンピュータにとっては当たり前ではありません。「誰か（それはマイクロソフト社のプログラマ）」が、そのような**命令を電卓のプログラムとして書いているから、その通りに動いている**のです。

図1-1-2 電卓の例

仮に、電卓にそのような命令が書かれていなければ、「1」のキーを押しても、何の反応もありません。

キーが押されたときに何かさせたいなら、そのための命令が必要なのです。

計算などの加工処理をする

さて、電卓の機能は、数字のキーが押されたときに、その数字を表示するというだけではありません。「+」のキーが押されたら足し算をしますし、「−」のキーが押されたら引き算をします。「×」や「÷」も同様です。

こうした計算方法を決めるのも、プログラムに書かれた命令です。

つまり、プログラムでは、デバイスから受け取ったデータ（この電卓の例で言えば、キーボードやマウスから入力された「数値」）を、そのまま別のデバイス（この例ではディスプレイ）に対して転送するのではなく、計算などの加工を加えます。

こうした**データの加工方法を決めるのも、プログラムの命令**です（**図1-1-3**）。

図1-1-3 プログラムはデータを加工したり計算したりする

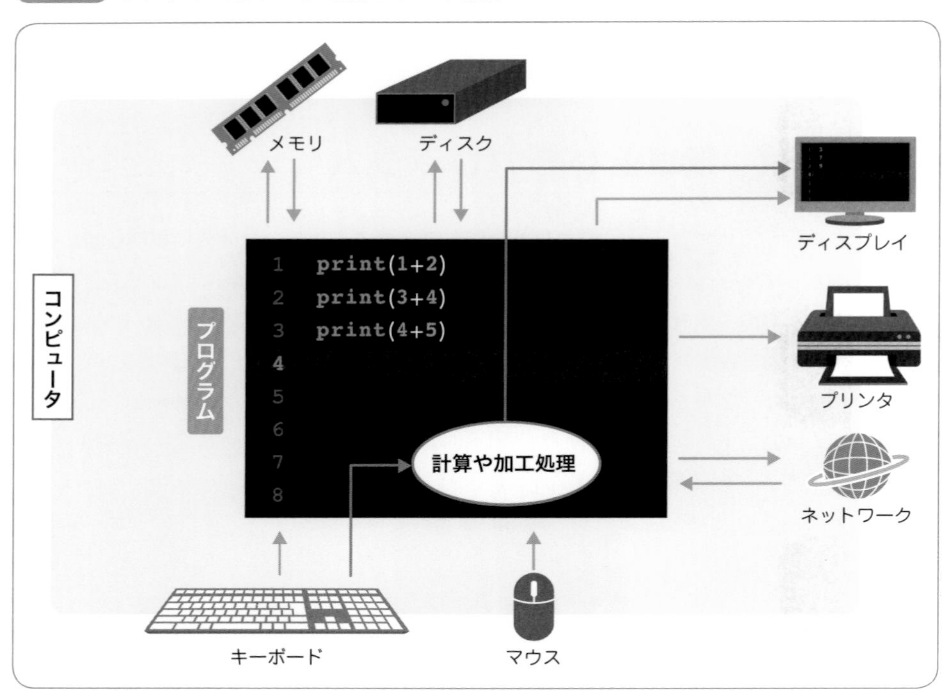

1つ1つ指示するとプログラムは長くなる

さて、ここまで「1」というキーについて説明しましたが、もちろん「2」や「3」などの他のキーについても、同じようにプログラムされています。

そう考えると、電卓というプログラムは単純であるものの、すべてのキーに対する挙動が書かれているので、そのプログラムは意外と長いものになります。

プログラムが長くなってしまうのは、コンピュータは「1つ1つすべての指示を出さないと動かない」という仕組みであるゆえ、避けられません。

しかしだからと言って、難しいわけではありません。難しいのではなくて、「面倒くさい」というほうが適切です。

そして、その面倒くささは、実は、**「似たような機能を、1つにまとめる」とか「誰か他の人が作ったプログラムを拝借する」などの工夫をすることで解消**できます（**図1-1-4**）。

実際、商用プログラムを作っている多くのプログラマは、こうした工夫をすることで、短時間で効率良くプログラムを作っています。

図1-1-4 プログラムの命令は工夫次第で簡素化できる

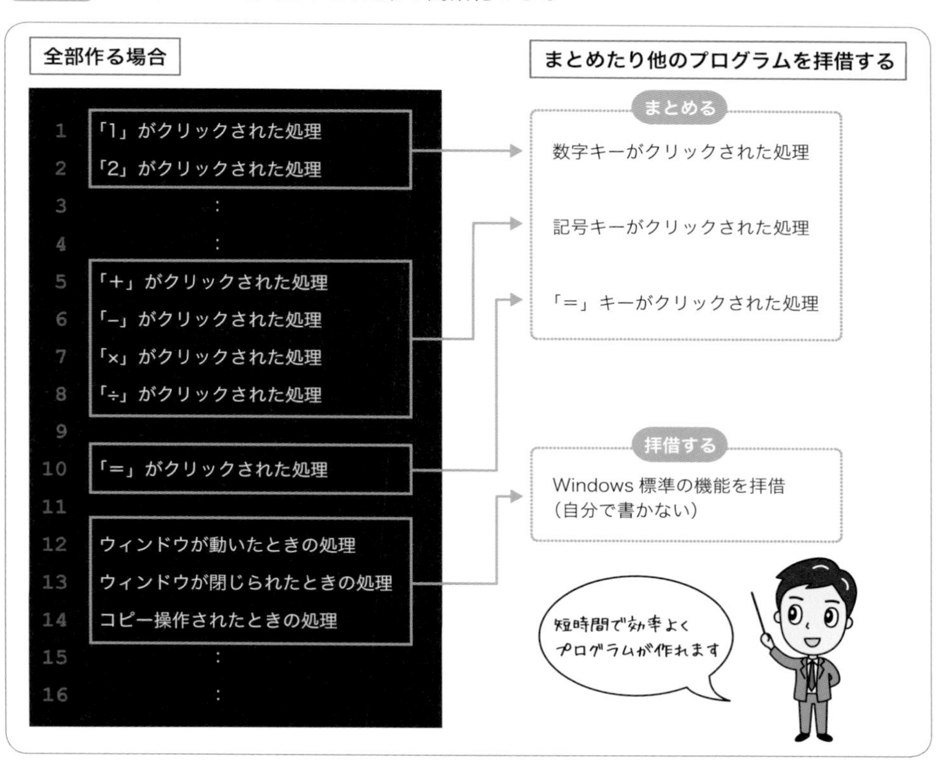

Lesson
1-2

プログラミング言語はたくさんあるけれど

プログラムはどうやって作るの？

プログラムは、コンピュータが理解できるような書式で記述しなければなりません。その書式を定めたものが、プログラミング言語です。プログラマは、プログラミング言語で規定された文法に則ってプログラムを記述します。すると、コンピュータで実行できるようになります。

プログラミングとは？
マシン語とプログラミング言語の
関係から根本的に説明します

プログラムを書くためのプログラミング言語

コンピュータが実行できる命令は、「**マシン語**」と呼ばれるもので、数値の羅列の集まりです。たとえば、数値の「04」は「足し算」、「44」は「引き算」など、コンピュータにとって都合が良いように、数値と命令を対応させたものなので、人間にとって、とても扱いにくいものです。こうした数値の羅列で命令を表現することは、困難を極めます。

そこで、もっと人間が分かりやすくプログラムを書けるようにするため、英語に似た文法で命令を記述する仕組みが考案されました。この文法の規約が「**プログラミング言語**」です。

MEMO

プログラミング言語は、英語に似た文法をとらなければならない理由はありません。英語に似ている理由は、考案者のほとんどが海外の人だからです。また日本人が考案したものでも、世界的に使ってもらうために英語に似た文法をとっています。メジャーではありませんが、日本語で書けるプログラミング言語として「なでしこ」というものがあります。

プログラミング言語は人間のためのものであり、コンピュータが実行することはできません。記述したプログラムは、何かしらの方法でマシン語に変換されてから、コンピュータで実行されます。

ふだん、我々がソフトのアイコンをクリックするなどして起動しているファイルの正体は、こうして作られた、**変換後のマシン語の命令が集まったもの**です（**図1-2-1**）。

図1-2-1 プログラミング言語はマシン語に変換される

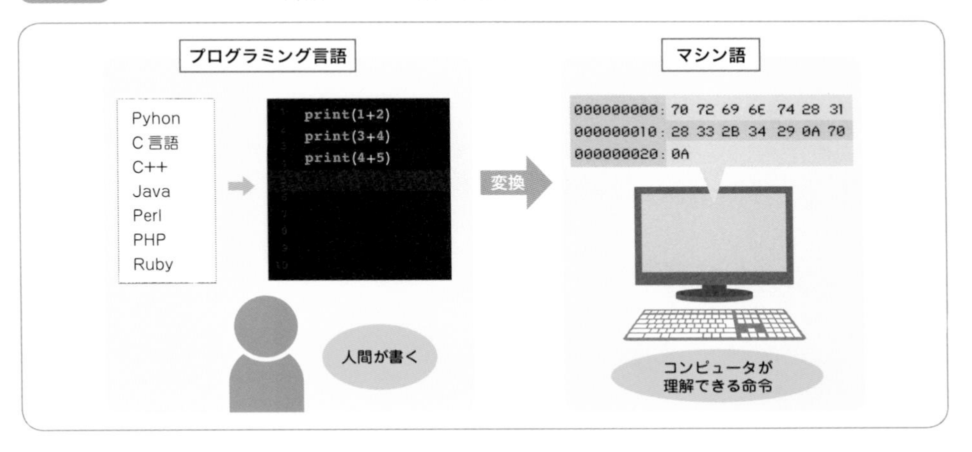

プログラミング言語はたくさんある

世のなかには、たくさんのプログラミング言語があります。

本書で題材としている「Python」は、プログラミング言語の1つに過ぎません。これ以外にも、「C言語」「C++」「Java」「Perl」「PHP」「Ruby」など、さまざまなプログラミング言語を耳にしたことがあるでしょう。

たくさんのプログラミング言語がある理由は、用途や目的、考え方などの思想に基づき、さまざまな人達が考案しているからです。

以下のように、プログラミング言語によって、さまざまな特徴があります。

- **マシン語に変換した結果、とても高速に動くもの**
- **たくさんのデータを取り扱えるもの**
- **科学計算が得意なもの**
- **金銭の計算が得意なもの**
- **文法が簡単で、すぐに習得できるもの**
- **Webで実行されるソフトが作りやすいもの**
- **人工知能のソフトが作りやすいもの**
- **スマホアプリが作りやすいもの**

プログラミング言語は英語ではない

ほとんどのプログラミング言語は英語に似た書式を取っていますが、それは見かけだけであり、まったくの別ものです。

プログラミング言語の目的は、書かれた命令をマシン語に変換することです。そのため文法がしっかりと定められており、曖昧な書き方は許されません。少しでも文法に則ってなければ、それは命令として受け付けられません。英語と違って、表現の自由度が低く、意味が通じても文法に間違いがあれば動きません。

たとえば、カンマ（,）とピリオド（.）の間違いや、括弧が対応していないなど、人間なら許容してくれそうな些細な違いでも、エラーとなります。

Pythonは汎用的に使えるバランスのとれたプログラミング言語

たくさんプログラミング言語があるなかで、「どれが一番良い」ということはできません。なぜなら、用途に応じた適材適所というものがあるからです。

はじめてプログラミングするのであれば、何か1つの機能が秀でているプログラミング言語よりも、バランスが良いプログラミング言語から始めるのは、良い選択です。

そうした意味で言うと、本書の主題である**Pythonは、これからプログラミングを始める人にとって、適切なプログラミング言語**です。なぜなら、次の要求を、実用的なレベルで満たしているからです。

- **たくさんのデータを取り扱える**
- **科学計算ができる**
- **金銭の計算ができる**
- **文法が簡単で、すぐに習得できる**
- **Webで実行されるソフトを作れる**
- **人工知能のソフトが作りやすい**

COLUMN

紙テープは数値で書かれたプログラム

古い映画やアニメなどでは、コンピュータに「紙テープ」を読み込ませるシーンが、しばしば登場します。この紙テープ、実は、マシン語のプログラムです。
紙テープは、人間が数値の集まりとして命令を書き、その数値の値に応じてパンチで穴を空けたものです。
そう考えるとコンピュータは進化しているように見えて、基本的な仕組みは、当時から、あまり変わっていません。

Lesson
1-3

テキストエディタ、コンパイラ、インタプリタ

プログラムを作るには、何が必要なの？

プログラムを作るには、プログラムを編集するためのテキストエディタが必要です。そして、記述した命令をマシン語に変換するためのソフトも必要です。これは「コンパイラ」や「インタプリタ」と呼ばれます。プログラミング言語によっては、テキストエディタとコンパイラやインタプリタなどをワンパッケージにまとめた「統合開発環境」が提供されていることもあります。

プログラムを記述するためのテキストエディタ

プログラムの編集作業は、ワープロソフトなどを使って文章を編集していくのと同じです。しかしワープロソフトは、プログラムを編集するときには使えません。フォントの変更や見出しの設定などの装飾が、プログラムの実行を邪魔してしまうからです。

そこでプログラムの編集には、そうした装飾を一切しないソフトを使います。そのようなソフトが「**テキストエディタ**」です（**図1-3-1**）。

たとえばWindowsには「メモ帳（notepad)」という名前のテキストエディタが付属しており、それを使ってプログラムを編集できます。

テキストエディタには、無償でダウンロードして利用できるものもあります。

たとえば、Windows用のテキストエディタとしては「TeraPad」や「サクラエディタ」、WindowsでもMacでも利用できるものとしては「Visual Studio Code」や「Sublime Text」などがあります。

プログラマは、こうしたテキストエディタを使ってプログラムを編集します。このプログラムファイルのことを、すべての基（source）となるファイルであることから「**ソースコード（source code）**」や「**ソースファイル（source file）**」と言います。

図1-3-1 プログラムはテキストエディタを使って編集する

example01.py
ファイル 編集 表示

```
print(1+2)
print(3+4)
print(4+5)
```

行 3、列 11 | 100% | Windows (CRLF) | UTF-8

MEMO

扱える文字コードや改行コードなどの理由から、最近は、Windowsに付属のメモ帳でプログラムを書くことは、余計なトラブルの元になるので推奨されません。これからプログラミングを始めるなら、「TeraPad」や「サクラエディタ」、「Visual Studio Code」、「Sublime Text」などのテキストエディタを使いましょう。

変換するためのコンパイラまたはインタプリタ

Lesson 1-2で説明したように、プログラミング言語の文法に則って記述したプログラムは、最終的にマシン語に変換して実行されます。言い換えると、「マシン語に変換する機能」がなければ実行できません。

この変換の役割を担うのが、「**コンパイラ（compiler）**」または「**インタプリタ（interpreter）**」です（**図1-3-2**）。両者の違いは、「完全にマシン語に変換してから、実行するか」か「少しずつマシン語に変換して、変換できたものからすぐに実行するか」という点です。

❶コンパイラ

コンパイラはソースコードを完全に変換して、マシン語で構成されたファイルを作ります。この変換作業を「**コンパイル（compile）**」と言います。

実行に際しては、変換後のマシン語で構成されたファイルだけあればよく、ソースコードやコンパイラは必要ありません。

反面、ソースコードを修正した場合は、もう一度すべて変換し直す操作が必要になります。

❷インタプリタ

少しずつ読み込んで変換して実行します。まとめて変換しないので、マシン語の命令はファイルとしては作られません。そのため実行に際しては、ソースコードとインタプリタが必

図1-3-2 コンパイラとインタプリタ

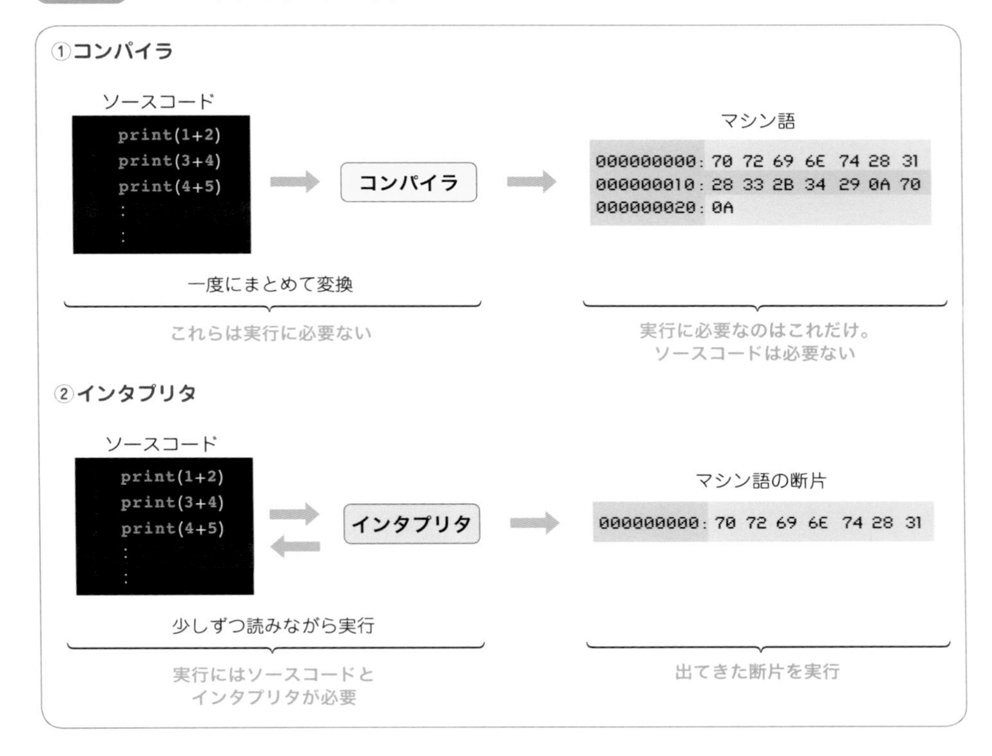

要です。

コンパイラと違って、明示的な全体の変換作業がないので、ソースコードを修正した場合も、実行し直せば、その修正はすぐに反映されます。

コンパイラやインタプリタを入手する

このように、プログラミング言語で書いたプログラムは、コンパイラやインタプリタがないと実行できません。

20〜30年ほど前は、コンパイラやインタプリタはとても高価なソフトだったのですが、いまでは、ほとんどのプログラミング言語用のコンパイラやインタプリタが、インターネットから、無料で入手できます。

コンパイラとインタプリタのどちらが提供されるのか（もしくは両方提供されるのか）は、プログラミング言語によって異なります。

Pythonは、インタプリタとして提供されています。

すべてをまとめた統合開発環境

ここまで説明してきたように、プログラムを作るのに必要となるのは、次の2つです。

❶ **プログラムを編集するためのテキストエディタ**
❷ **プログラムを変換するためのコンパイラまたはインタプリタ**

これらを別々に入手してインストールするのは面倒なので、プログラミング言語によっては、プログラム作成に必要な環境一式を、ワンパッケージで提供しているものもあります。これを「**統合開発環境（IDE：Integrated Development Environment）**」と呼びます（**図1-3-3**）。

図1-3-3 統合開発環境

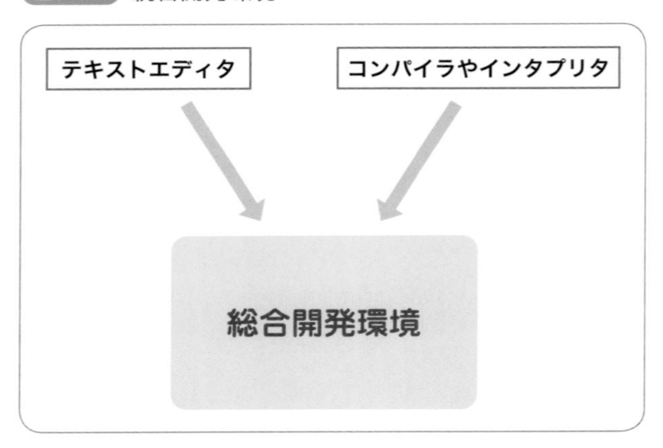

統合開発環境では、単純にプログラムを記述して実行する一連の流れをボタン1つで行えるだけでなく、実行の際にエラーがあったときは、その位置で実行を一時停止して状況を調べたり、データに異常がないかを調べたりする機能も持ち合わせています。

Pythonでも統合開発環境が利用できる

詳しくは**Chapter 2**で説明しますが、**Pythonには「IDLE（アイドル）」という統合開発環境があります**。IDLEを使えば、テキストエディタやPythonインタプリタを、それぞれインストールしなくても、すぐにPythonプログラミングを始められます。

事前準備が簡単なので、本書では、「IDLE」を使ってPythonプログラミングを説明していきます。

Lesson 1-4

プログラミング学習を始める前に

何を勉強すればいいの？

次章から、実際にPythonプログラミングを始めますが、いったい、何を習得すれば、プログラミングができるようになるのでしょうか？　手を動かしてプログラミングをし始める前に、どのような点に着目すると上達が早まるのか、その秘訣を教えます。

挫折せず続けるにはどうしたらいいでしょう？

ここで習得の流れ、上達のコツを教えます

それは真っ先に知りたいことです！

4つのことを理解しよう

自在にプログラムが書けるようになるまでには、長い月日が必要です。

その道程は、およそ、次の４つの行程になります。

❶ プログラムを入力して実行するまでの流れ

プログラムを入力し、それを実行するまでの流れを理解します。これはプログラミングを学ぶというよりも、操作の方法を知るのが目的です。

具体的には、テキストエディタを使ってプログラムを入力し、それを実行する操作を習得します。統合開発環境を使うのであれば、その統合開発環境の使い方を習得します。本書ではChapter 2〜3で説明します。

❷ 基本的な文法の習得

そのプログラミング言語における基本的な文法を習得します。

たとえば日本語の場合、文は「。」で終わりますが、これと同じくプログラミング言語にも、いくつかの決まりがあります。そうした決まりを理解して守らないと、書いたプログラムでエラーが発生し、実行することができません。本書では**Chapter 3**を中心に、Python固有の書き方について説明します。

❸ 命令の書き方や使い方の習得

そのプログラミング言語における命令の書き方や使い方などを習得します。

たとえば、「データを一時的に保存する」「計算する」「指定回数だけ繰り返す」などの基本的な命令の書き方や使い方を理解します。本書では、**Chapter 4**以降で詳しく説明します。

❹ デバイスの操作方法

必要に応じて、キーボードやマウス、ディスプレイ、ネットワーク、プリンタなどの操作方法を理解します。何を習得しなければならないのかは、どのような分野のプログラムを作りたいかに依ります。

通信するプログラムを作りたいなら、ネットワークの制御方法は欠かせません。印刷するプログラムを作りたいなら、プリンタの制御方法が欠かせません。

何を習得するのかは、その分野によって違ってくるのです。

3週間あれば、基礎知識を習得できる

全行程は長い道程ですが、**このうち❶〜❸までの習得は3週間あれば十分**。長くかかるのは❹の行程ですが、道半ばでも簡単なプログラムなら作り始められます。

❹は、いわば応用です。それぞれのデバイスに対する操作方法なので、一度習得してしまえば、他のプログラミング言語でも、ほぼ同様に扱えます。プログラミング言語に依存することなく、広く使える知識と考えてください。

ただし問題は、❹の分野がとても広く、すべてを習得するのが現実的ではないという点です。なぜなら、パソコンに接続できるデバイスが、とても多岐に渡るためです。

しかし、デバイスの分野すべてを制覇する必要はありません。

ともかく範囲が広いので、プロのプログラマでも、自分の専門分野以外の知識は少ないことが多く、必要になったときに調べながら、そのつど対応しているのが実情です。

プログラムを作るには、全部を理解する必要はありません。基本的なことを習得したら、あとは実際にやってみて、おいおい身につけていけばよいのです。

気楽にプログラミングを始めましょう。

3週間で基礎は固められるのなら
そんなに大変じゃないかも!

Chapter 2

Pythonを始めよう

Pythonを使うには、Pythonのプログラムを実行するためのソフトが必要です。この章では、必要なソフトのインストール方法、そしてPythonの命令を実行するための基本的な操作方法を説明していきます。

Lesson 2-1

Pythonを始めるにはどうしたらいいの？

Pythonを使うには

Pythonは、オランダ人のプログラマGuido van Rossum（グイド ヴァン ロッサム）氏が考案したプログラミング言語です。習得が容易で、やりたいことを短いプログラムで実現できることから、さまざまな場面で使われています。

Pythonってどんな言語なんですか？

直感的で分かりやすい。簡単で習得しやすく、いろんなものが作れる言語ですよ

じゃあ、僕でもプログラムが作れますね！

万人のためのプログラミング言語「Python」

Pythonを作ったのは、オランダ人のプログラマ、**Guido van Rossum**氏です。

氏いわく、元々はクリスマス前後の週の暇つぶしのために、趣味として始めたとのこと。Pythonという名前も、ちょっとしたいたずら心から、熱狂的なファンだったイギリスのコメディグループ「**モンティ・パイソン**」から取って名付けられました。

Pythonは、万人のためのコンピュータプログラミングを目指して作られています。

そのための具体的な目標として、次のようなことが掲げられています。

❶ 簡単で、直観的な言語である

❷ 簡単でありながら主要なプログラミング言語と同程度のことができる。つまり、学習用ではなくて、きちんと実用的なプログラムを作れる

❸ ソースが公開されているオープンソースである

❹ 日常的タスクに適していて、学習時間が短い。つまり、日々のちょっとした出来事に、ちょっとの間でプログラムを作れる

言うなれば、**「やさしくパワフルなプログラミング言語」**です。パソコンでのプログラミングはもちろん、サーバー上で動くプログラム、科学計算や人工知能、そして、IoT（Internet of Things）で使われるセンサーや通信の制御などまで、幅広い分野で使われています。

MEMO

IoTは、家電やセンサーなどをインターネットに接続することを言います。

Pythonでプログラミングするのに必要なもの

Pythonは、インタプリタとして構成されているプログラミング言語です（インタプリタについては、Lesson 1-3　プログラムを作るには、何が必要なの？➡P.15を参照）。そのため、プログラミングには**テキストエディタ**とPythonの**インタプリタ**が必要です。

これらはPythonの公式サイト（https://www.python.org/）で配布されており、ダウンロードしてパソコンにインストールすると、Pythonが使えるようになります。

ダウンロードしたファイルには、統合開発環境の**「IDLE（Integrated DeveLopment Environment）」**というソフトも入っているので、それを使えば、別途、テキストエディタを用意する必要はありません（**図2-1-1**）。

MEMO

IDLEは、Integrated DeveLopment Environmentの略ですが、「モンティ・パイソン」のメンバーの「エリック・アイドル（Eric Idle）」から取った洒落でもあります。

図2-1-1 Pythonプログラミングに必要なものは公式サイトで揃う

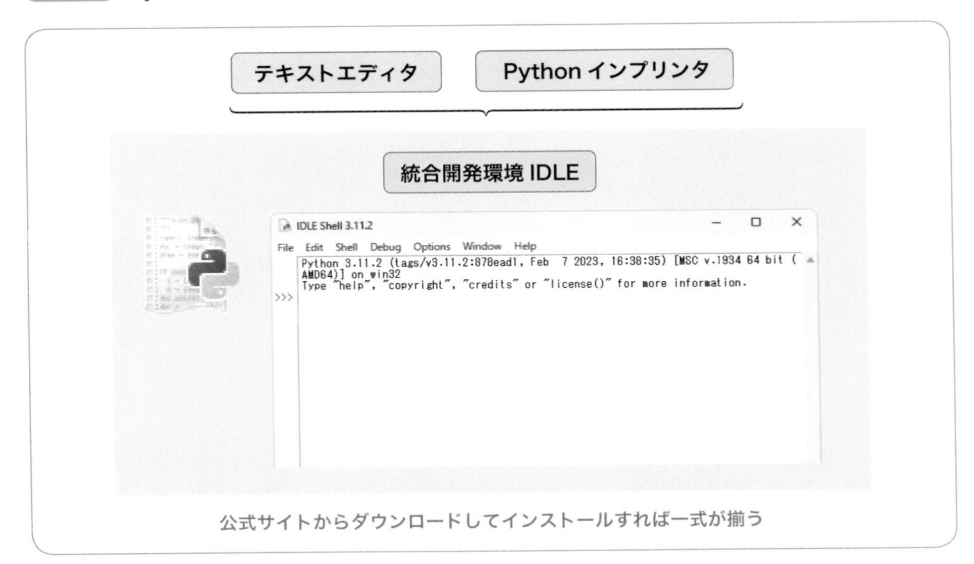

公式サイトからダウンロードしてインストールすれば一式が揃う

Lesson 2-2

プログラミングの準備を進めていきましょう

Pythonをインストールする

基本的な説明はこのぐらいにして、公式サイトからPythonをダウンロードしてインストールしていきましょう。ここではインストールの方法を、Windowsの場合とMacの場合とに分けて説明します。

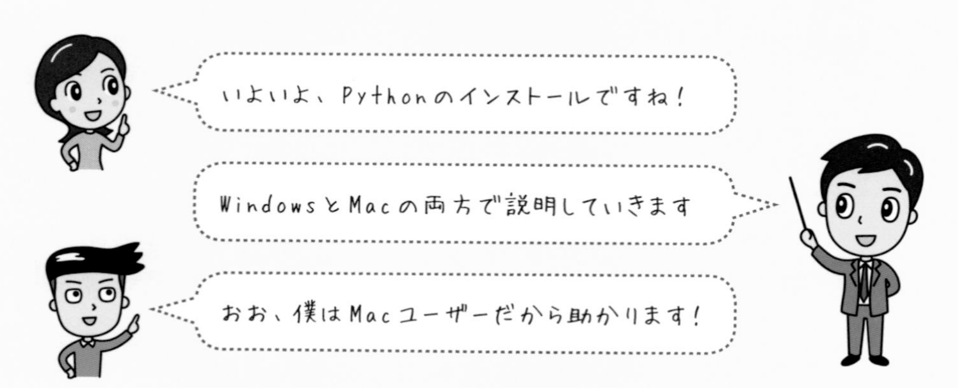

Windowsにインストールする

Windowsにインストールするには、次のようにします。

Windowsへのインストール手順

1 インストーラをダウンロードする

Webブラウザで、Python公式サイトのダウンロードページにアクセスしてください。

▶ **https://www.python.org/downloads/**

Windowsパソコンでアクセスした場合には、Windows用のダウンロード画面が表示されます。ここから［Download Python 3.11.2］（3.11.2は本書執筆時点のバージョン）をクリックしてダウンロードしてください（**図2-2-1**）。

MEMO

掲載している画面は本書執筆時点のときのものです。サイトの構成が変更され、ダウンロード方法が異なることがあります。新しいバージョンが登場しているなら、その新しいバージョンをダウンロードしてください。

MEMO

もし違うOSのダウンロード画面が表示されたときは、「Looking for Python with a different OS? Python for」と書かれているところで「Windows」をクリックしてください。

図2-2-1 Windowsの場合のダウンロード

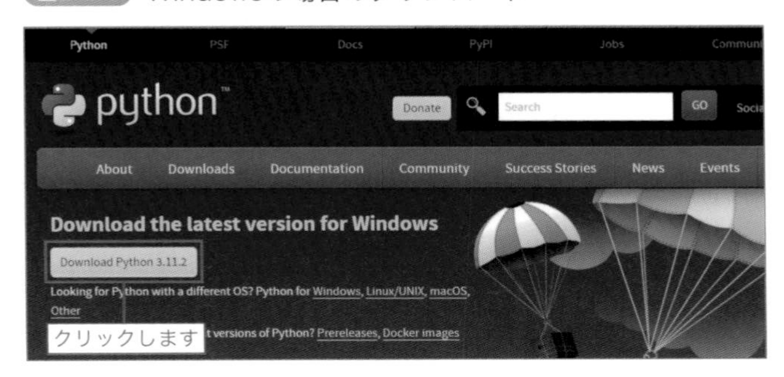

❷ インストーラの実行

「python-3.11.2-amd64.exe」(ダウンロードしたバージョンやCPUの種類によってファイル名は異なります)というファイル名でダウンロードされているはずなので、ダブルクリックして実行します。

❸ Pythonのインストール

実行すると、インストーラが起動します。この画面では、一番下の［Add python.exe to PATH］のチェックボックスをクリックしてチェックを付けてください。次に、［Install Now］をクリックします(**図2-2-2**)。

図2-2-2 Pythonのインストーラが起動

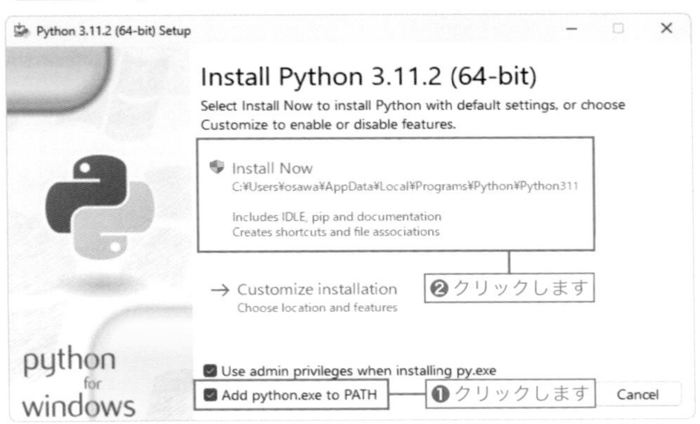

MEMO

[Add Python python.exe to PATH] の設定は、プログラムの実行パスを追加するという意味です。チェックを付けておくと、コマンドプロンプトから「python」と入力したときに、Pythonが起動します（コラム「IDLEではない素のPythonを起動する」➡P.33を参照）。

❹ [ユーザーアカウント制御]

[ユーザーアカウント制御] の黒いアラートダイアログが表示されたら、[はい] をクリックしてください。インストールが開始されます。

MEMO

環境によっては、ユーザーアカウント制御のアラートダイアログは表示されないこともあります。

❺ インストールの完了

[Setup was successful] が表示されたら、インストールは無事完了です。[Close] をクリックしてインストーラを閉じてください（**図2-2-3**）。

図2-2-3 インストールの完了

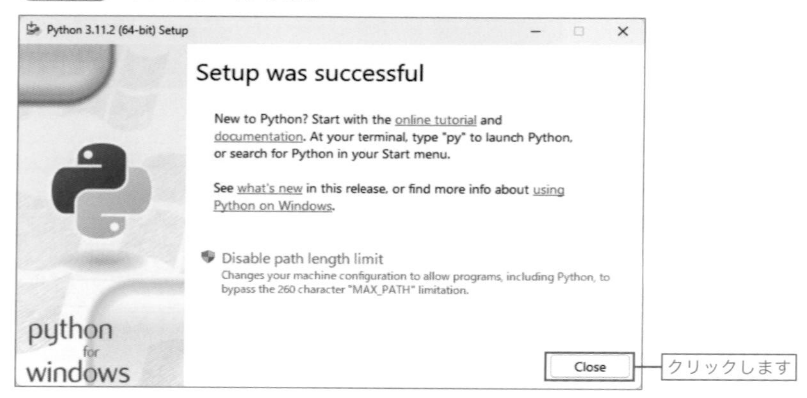

Macにインストールする

Macにインストールするには、次のようにします。

Macにインストールする

❶ インストーラをダウンロードする

Webブラウザで、Python公式サイトのダウンロードページにアクセスしてください。

▶ **https://www.python.org/downloads/**

「**SyntaxError（シンタックスエラー）**」は、文法エラーの代表で、スペルを間違えたときや括弧の使い方が違うときなどによく表示されるエラーです（**図2-4-1**）。

他にも、いくつかのエラーがあります。たとえば、「0で割る」ことは、数学では許されていません。そのため、

```
>>> 10 / 0
```

のように、10を0で割ろうとしたときは、

```
Traceback (most recent call last):
  File "<stdin>", line 1, in <module>
ZeroDivisionError: division by zero
```

のように「ZeroDivisionError」というエラーが発生します。

図2-4-1 Pythonのエラー表示

```
──エラー名──  ──エラー内容──
SyntaxError: unexpected indent
```

Syntax＝構文／Error＝エラー
構文……つまり「文法」が間違ってるよ、というエラーですね

unexpected＝予期しない／indent＝インデント
こちらは、「予期しない」つまり「文法にはない」インデントが入ってますよ、という意味ね

その通り。エラー名とエラー内容から、どこが間違っているのか、おおよそ推測できるわけですね

命令を実行してみよう

計算以外にも実用的な命令を実行してみましょう。たとえば､｢カレンダーを表示する」なんて、どうでしょうか？　Pythonには、カレンダーを表示できる **｢calendar｣** というモジュールがあります（モジュールについては、Lesson 4-7➡P.112で後述)。これを使うと簡単にカレンダー表示できます。

試してみましょう。calendarモジュールを使うために、次のように入力してください。

インタラクティブモード

```
>>> import calendar [Enter]
```

｢import｣ という命令は、｢その機能（ここではcalendar）を使うよ」という意味です。

そして、さらに続けて

インタラクティブモード

```
>>> print(calendar.month(2023,4)) [Enter]
```

と入力すると、4月のカレンダーが表示されるはずです(**図2-4-2**)。

MEMO

Pythonは大文字小文字を区別します。ここでの英語部分は、すべて小文字です。また、すべて、日本語入力はオフにして、半角で入力してください。

｢print｣ というのは画面に文字や数字などを表示する命令です（詳しくは、Lesson 3-1➡P.44で説明します)。そして､｢calendar.month(2023,4)」は､｢2023年４月のカレンダーを取得する」という命令です。

図2-4-2 カレンダーを表示する

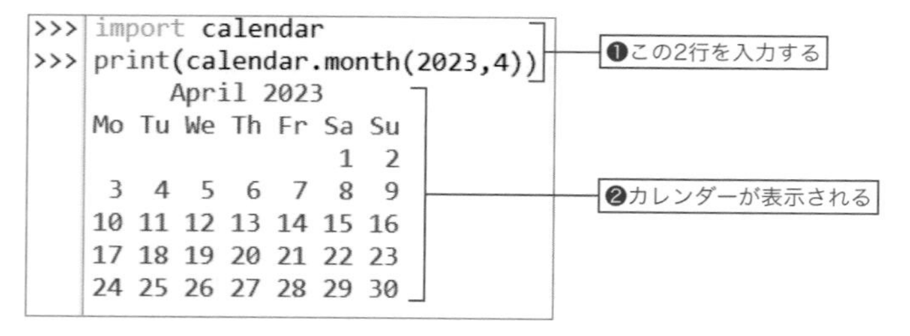

このサンプルから予想できると思いますが、もし、2025年１月のカレンダーを表示したいのであれば、以下のように入力します。

インタラクティブモード

```
>>> print(calendar.month(2025,1)) [Enter]
```

修正か所

本書を通じておいおい説明していきますが、この**括弧のなかの値は「引数（ひきすう）」と呼び、命令に対して、設定値を与える役割をします。**

ウィンドウも表示できる

Pythonでは、ウィンドウも表示できます。ウィンドウ操作するには、「tkinter」というモジュールを使います（詳しくはLesson 6-2➡P.154で説明します）。

MEMO

tkinterはPythonの標準モジュールですが、さらに高機能な外部モジュールとして、wxPython（https://wxpython.org/）などを使ってウィンドウ操作することもできます。

ウィンドウ操作するには、まず、tkinterをimportします。

インタラクティブモード

```
>>> import tkinter [Enter]
```

そして、ウィンドウにメッセージを表示する命令を実行します。たとえば、次のように記述すると、「Hello」というメッセージが書かれたウィンドウが表示されます。

インタラクティブモード

```
>>> tkinter.Label(None, text="Hello").pack() [Enter]
```

表示したい文字（← "Hello"）

MEMO

Labelの「L」、Noneの「N」、Helloの「H」は大文字です。

図2-4-3 ウィンドウを表示する命令を入力したところ

```
>>> import tkinter
>>> tkinter.Label(None, text="Hello").pack()
>>>
```

図2-4-4 命令を実行したときに表示されるウィンドウ

この2行を入力して実行するとウィンドウに文字が表示される

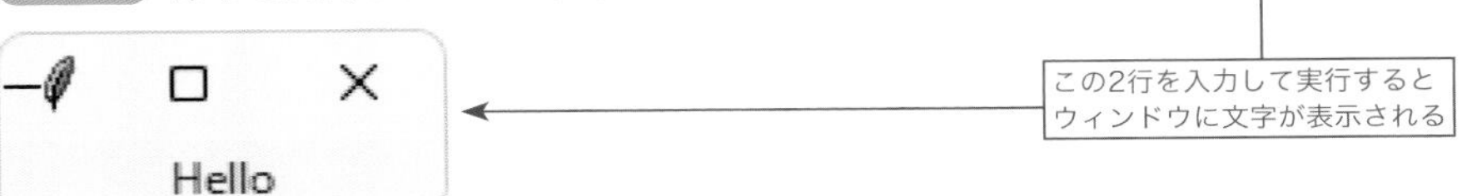

この状態からさらに、次のようにもう1つLabelの命令を実行すると、いまの「Hello」の文字の下に、その文字が表示されます。

インタラクティブモード

```
>>> tkinter.Label(None, text="World").pack() Enter
```

表示したい文字

図2-4-5 さらに文字を追加したところ

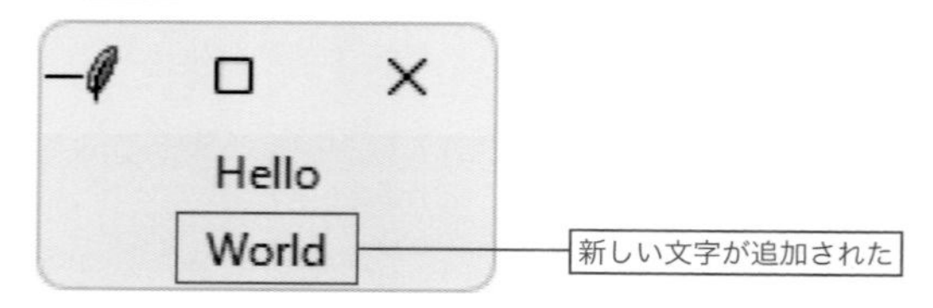

命令が分かればなんでもできる

以上のように、インタラクティブモードでは命令を入力すると、それをつど実行してくれます。従って、命令さえ分かれば、実にさまざまなことを実現できます。

本書では、全体に渡ってPythonの文法や命令を説明していきます。しかし、もし早く試してみたいのならば、Pythonの命令一覧を見てみるのもよいでしょう。

Pythonの命令一覧は、「Python標準ライブラリリファレンス」にまとめられています。

▶ **http://docs.python.jp/3/library/**

ここまで説明してきた「print」「tkinter」などの意味も、このリファレンスに、しっかりと記載されています。

図2-4-6 Python標準ライブラリリファレンス

Python » Japanese 3.11.2 3.11.2 Documentation » Python 標準ライブラリ クイック検索 検索 | 前へ | 次へ | モジュール | 索引

前のトピックへ
10. 完全な文法仕様

次のトピックへ
はじめに

このページ
バグ報告
ソースの表示

Python 標準ライブラリ

Python 言語リファレンス ではプログラミング言語 Python の厳密な構文とセマンティクスについて説明されていますが、このライブラリリファレンスマニュアルでは Python とともに配付されている標準ライブラリについて説明します。また Python 配布物に収められていることの多いオプションのコンポーネントについても説明します。

Python の標準ライブラリはとても拡張性があり、下の長い目次のリストで判るように幅広いものを用意しています。このライブラリには、例えばファイル I/O のように、Python プログラマが直接アクセスできないシステム機能へのアクセス機能を提供する (Cで書かれた) 組み込みモジュールや、日々のプログラミングで生じる多くの問題に標準的な解決策を提供するPython で書かれたモジュールが入っています。これら数多くのモジュールには、プラットフォーム固有の事情をプラットフォーム独立な API へと昇華させることにより、Pythonプログラムに移植性を持たせ、それを高めるという明確な意図があります。

Windows 向けの Python インストーラはたいてい標準ライブラリのすべてを含み、しばしばそれ以外の追加のコンポーネントも含んでいます。Unix 系のオペレーティングシステムの場合は Python は一揃いのパッケージとして提供されるのが普通で、オプションのコンポーネントを手に入れるにはオペレーティングシステムのパッケージツールを使うことになるでしょう。

標準ライブラリに加えて、数10万のコンポーネントが (独立したプログラムやモジュールからパッケージ、アプリケーション開発フレームワークまで) 活動しているコレクションとしてPython Package Index から入手可能です。

- はじめに
  - 利用可能性について
- 組み込み関数

Chapter 3

Pythonでプログラムを書くときのルール

Pythonでプログラムを書くときには、さまざまな決まりごとがあります。この章では、ファイルの扱い方、文字、数字、空白の扱い方、エラーにならないための書き方など、基本ルールを学んでいきましょう。

Lesson 3-1

IDLEによるプログラムファイルの作り方

1つのファイルに命令をまとめよう

Chapter 2では1行ずつプログラムを実行しました。しかし、実行したいコマンドをそのつど、手入力するのは大変ですし、ミスも起こりやすくなります。そこで、ここでは命令を1つのファイルにまとめる方法を説明します。

インタラクティブモードだと、命令が1行ずつ実行されるので、使いづらいですね

IDLEのエディタ機能を使えば、複数の命令を何行にも渡って書いておけるプログラムファイルを作成できます。使い方を覚えましょう!

Pythonの命令を1つのファイルにまとめよう

Pythonには、あらかじめ実行したい命令をファイルとしてまとめておき、それを読み込んで実行する機能があります。

前章までに試したインタラクティブモードのように、1行ずつ入力して[Enter]キーを押すという作業が必要ないので、打ち間違いが少なくなります。また、ファイルを開いて何度も実行したり、人に渡して同じ命令を実行してもらうこともできます。

命令を1つにまとめたファイルのことを「**プログラムファイル**」または「**プログラム**」と言います（**図3-1-1**）。

テキストエディタで作成できる

ファイルとしてまとめたPythonのプログラムは、一般に「**テキストファイル**」と呼ばれるものと同じで、テキストエディタを使って記述します。

MEMO

テキストファイルというのは、人間が読み書きできる文字だけで構成されたファイルのことです。Windowsなら「メモ帳」、Macなら「テキストエディット」などで作れる、拡張子が「.txt」のファイルのことです。

図3-1-1 命令を1つのファイルにまとめる

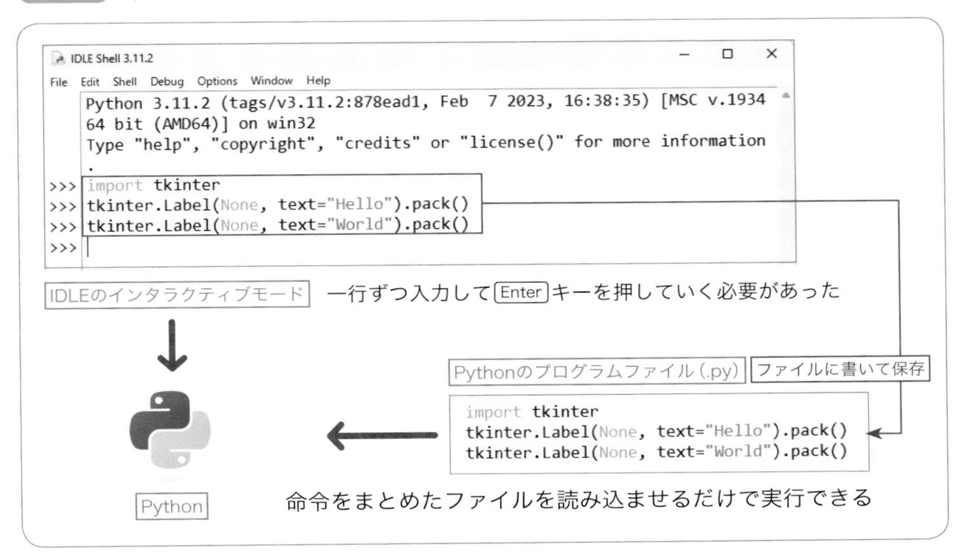

テキストエディタでプログラムを書き、保存するさいに拡張子を「.txt」ではなく、「.py」とします。例えば「example.py」や「test.py」など「.py」で終わるファイル名を付けるようにします。そうすれば、Pythonで実行できます。

Chapter 2で説明した「IDLE」には、テキストエディタの機能が備わっています。これを使うと、別途テキストエディタをインストールする必要がないので簡単です。

これ以降、本書ではIDLEを使ってPythonのプログラムを書く方法を説明していきます。

Pythonのプログラムファイルを新規作成する

それでは、プログラムファイルを作る方法を見ていきましょう。まず、IDLEを起動したら、[File] メニューから [New File] (Ctrl+Nキー) を選択します (**図3-1-2**)。

図3-1-2 IDLEから新規ファイルを作成する

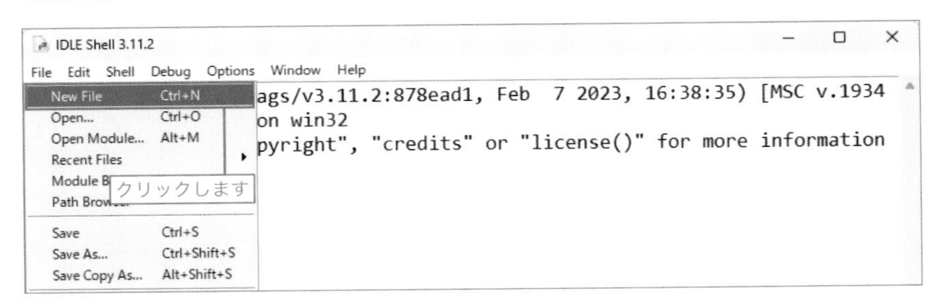

Pythonのプログラムを書く

［New File］を選択すると、次に示すエディタ画面が表示されます（**図3-1-3**）。ここにプログラムを入力していきます。

図3-1-3 エディタ画面を新規作成したところ

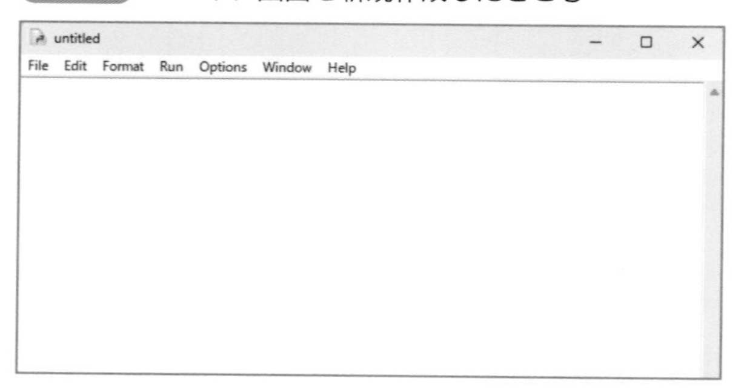

画面に結果を表示するための「print」

テキストファイルとしてPythonの命令を書く方法は、基本的には**Chapter 2**で説明したインタラクティブモードと同様です。しかし、1点大きな違いがあります。それは「結果が自動的に画面に表示されない」という点です。**Chapter 2**では、たとえば「1+2」と入力すると、画面には以下のように「3」と表示されました。

インタラクティブモード

```
>>> 1 + 2 Enter
3
```

同様に、「1+2」という命令を**図3-1-3**のIDLEのエディタ画面に入力したとします。

IDLEのエディタ

```
1+2
```

しかし、このようにファイルに記述して実行しても、結果は表示されません。
「結果を画面に表示する」という機能は、インタラクティブモード特有のものだからです。画面に結果を表示したいのであれば、**表示するための命令**を書かなければなりません。

Pythonで、画面に何かを表示したいときは「**print**」という命令を使います。「1+2の結果を表示したい」のなら、以下のように記述します。

```
print(1+2)
```

実際に、プログラムファイルに「print」という命令を記述してみましょう（**図3-1-4**）。

図3-1-4 「print」を記述する

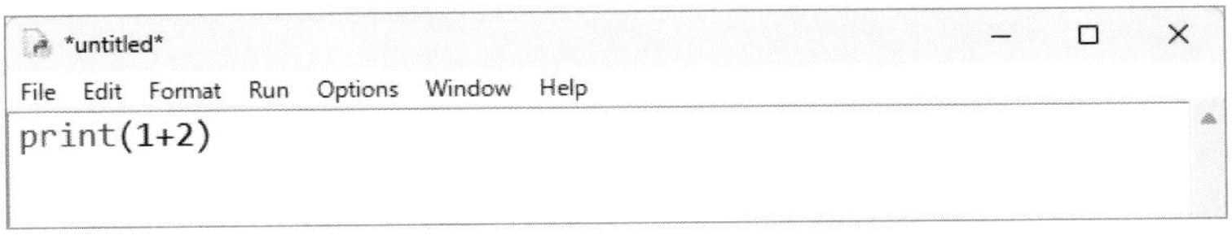

```
*untitled*
File Edit Format Run Options Window Help
print(1+2)
```

入力の注意

Pythonのプログラムを入力するときには、次の点に注意してください。

❶ プログラム中の英数字は、半角英数字で入力してください

日本語入力をオフにすると間違いがありません。

そして大文字と小文字は区別します。例えば、先ほどの「print」は「PRINT」と大文字で入力するとエラーになるので注意しましょう。

❷ 余計な空白を入れないでください

Pythonのプログラムでは、空白に意味が生じることがあります。

入れても入れなくても影響しない場合もありますが、最初のうちは余計なエラーで悩まないように、「本書に掲載されている通りに入力する」ようにしましょう。

保存する

プログラムの入力が終わったら、[File] メニューから [Save]（Ctrl+Sキー）を選択して保存しましょう（**図3-1-5**）。

[Save] を選択すると、ファイルの保存先を尋ねられます。どこに保存してもよいのですが、ここでは [ドキュメント] フォルダに保存しました。

保存するときはファイル名が必要です。どのようなファイル名でもよいのですが、ここでは例として**「example03-01-01.py」**という名前で入力しました（**図3-1-6**）。

なお、いくつかの環境でうまく動かなくなる恐れがあるので、ファイル名に日本語は使わないでください。

MEMO

Macの場合も、[File] メニューの [Save] を選択して、拡張子「.py」を付けて保存します。場所はユーザーフォルダの「書類」など、分かりやすいところにしておきましょう。

図3-1-5 保存する

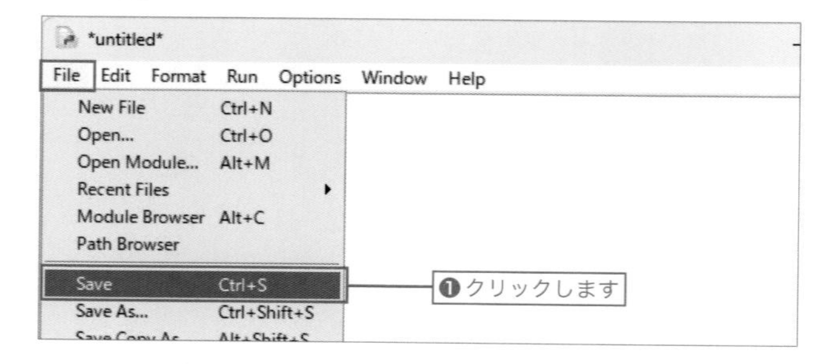

図3-1-6 保存先を選択する

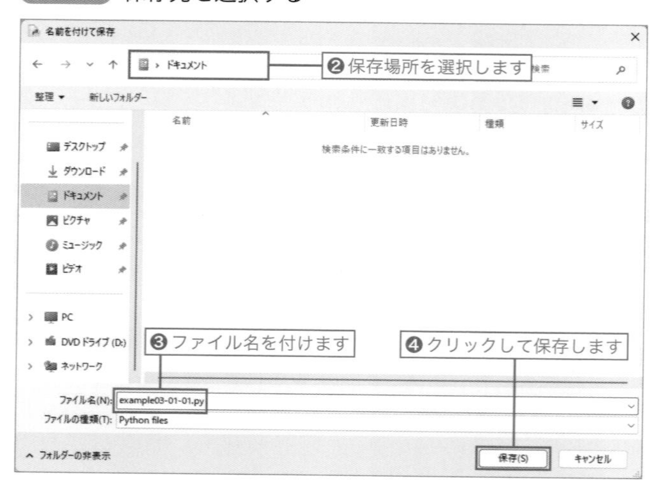

実行する

保存したら、実行してみましょう。実行するには［Run］メニューから［Run Module］を選択します（**図3-1-7**）。もしくは F5 キーを押しても実行できます。

すると実行結果が表示されます。入力したプログラムは「print(1+2)」というプログラムだったので、その結果の「3」が表示されます（**図3-1-8**）。

図3-1-7 実行する

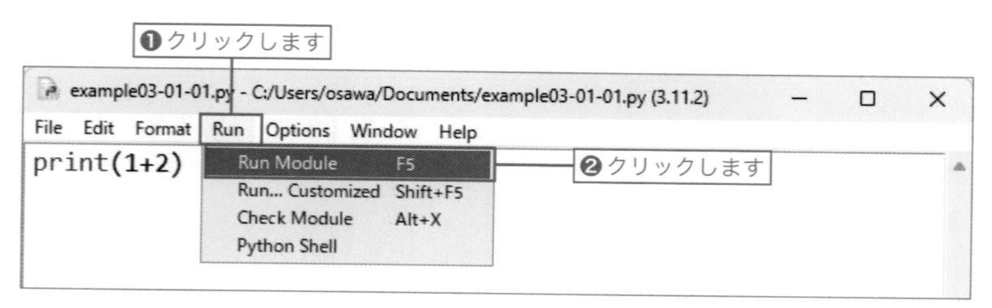

図3-1-8 実行結果

```
IDLE Shell 3.11.2
File Edit Shell Debug Options Window Help
Python 3.11.2 (tags/v3.11.2:878ead1, Feb  7 2023, 16:38:35) [MSC v.1934
64 bit (AMD64)] on win32
Type "help", "copyright", "credits" or "license()" for more information
.
>>>
========= RESTART: C:/Users/osawa/Documents/example03-01-01.py ========
3
>>>
```

❸実行されます

MEMO

保存前に実行するとエラーになる

実行の際には、保存が必要です。保存前に実行しようとすると、エラーメッセージが表示されるので、「OK」をクリックしてファイルを保存してください。

MEMO

[Run] メニューはエディタ画面にだけ表示される

プログラムを実行できる［Run Module］のある［Run］メニューは、エディタ画面にだけ表示されます。インタラクティブモードで使用している場合は、表示されません。

何度でも好きなだけ実行できる

わざわざファイルとして保存するのは少し面倒ですが、これには、いくつかの利点があります。

その1つが「何度でも実行できる」という点です。[Run] メニューから [Run Module]（F5キー）を選択することで、同じプログラムを何度でも実行し、動作をチェックできます。

もちろん自分で作ったファイルを
友だちや同僚に送信して、
実行してもらうという使い方も
できますね

Lesson 3-2

ファイルの書き換え、追記、別名保存のしかた

たくさんの命令を並べてみよう

前Lessonでは、ただ1つの命令だけをファイルに記述しました。今度はもっとたくさんの命令を並べて、それらを順に実行していきましょう。

たくさんの命令を並べる

Pythonのプログラムに命令を並べて記述すると、それらは上から順に実行されます。

前Lessonでは「1+2」を計算する命令を書きましたが、ここではその下に「3+4」、続けて「4+5」を計算する命令を書いてみます。

次のようなプログラムになります。

List example03-02-01.py

```
1  print(1+2)
2  print(3+4)
3  print(4+5)
```

この2行を追記した

実際にIDLEでプログラムを入力すると、**図3-2-1**のようになります。

図3-2-1 さらに2行加えてみたところ

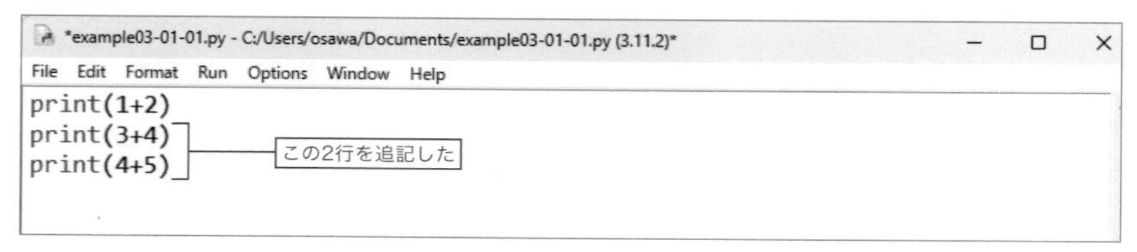

別名で保存するには

このままファイルを保存してしまうと、先に入力した1行だけのプログラムが上書きされてしまいます。そこで、ここでは別名で保存してみましょう。

別名で保存するには、[File] メニューから [Save As]（Ctrl + Shift + S）を選択します（**図3-2-2**）。ファイル名を入力するダイアログボックスが表示されるので、今度は「**example03-02-01.py**」という名前で保存しましょう（**図3-2-3**）。

図3-2-2 [Save As] を選んで別名で保存する

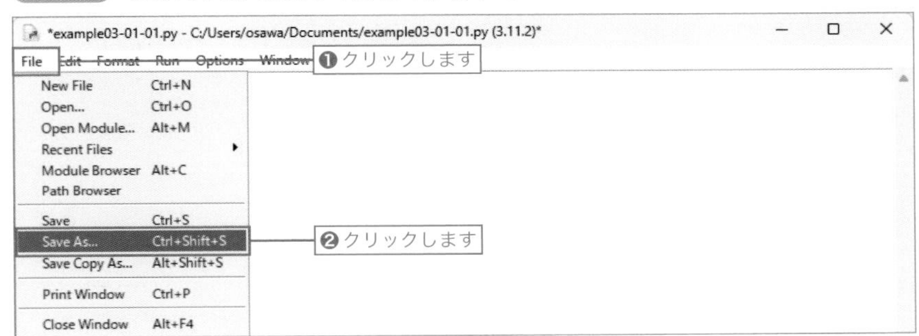

図3-2-3 「example03-02-01.py」として保存する

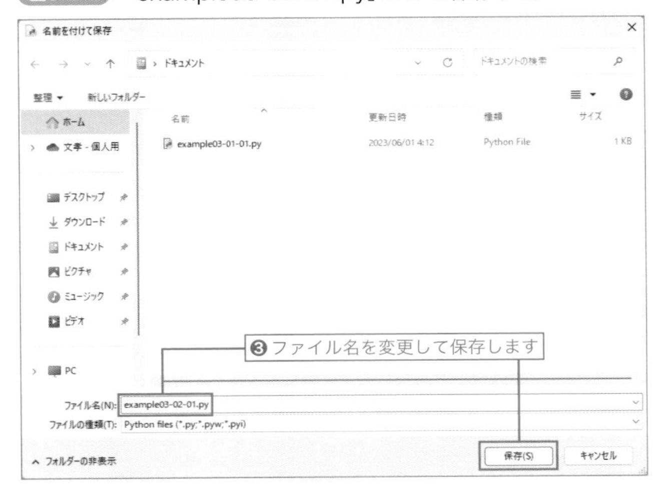

実行する

ファイルを保存したら、実行してみましょう。[Run] メニューから [Run Module]（F5 キー）を選択します。

実行すると、**図3-2-4**のように「3」「7」「9」と順に表示されます。これは、それぞれ

「1+2」「3+4」「4+5」の結果です。

この結果から分かるように、Pythonのプログラムは**上から順に1つずつ実行されます**。ここでは3行しか書きませんでしたが、4行、5行、さらにもっとたくさん書いても同じように上から下へと順に実行されます。

example03-02-01.pyの実行結果

```
3 ―――――― 1+2の結果
7 ―――――― 3+4の結果
9 ―――――― 4+5の結果
```

図3-2-4 IDLEでの実行結果

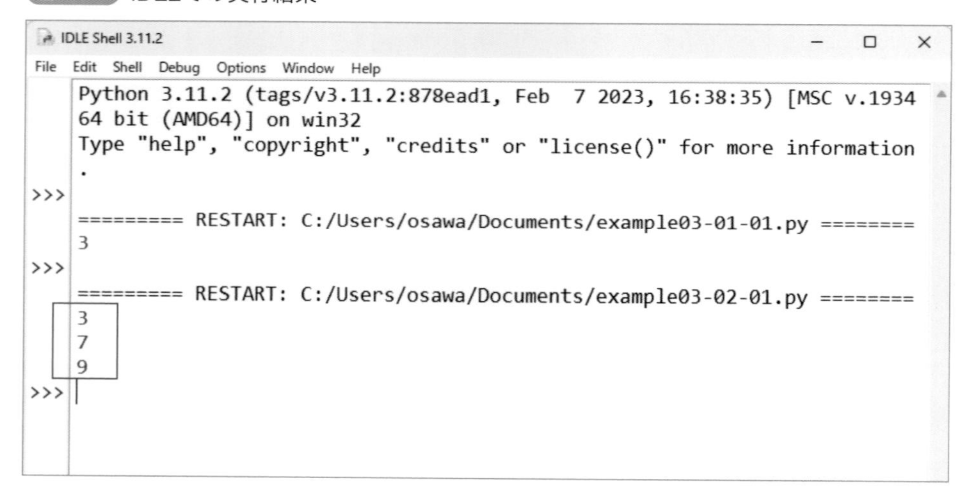

COLUMN

実行結果をクリアする

IDLEの画面では、実行結果が蓄積されるので、「どこからが新しい実行結果」か分からなくなることがあります。
そのようなときには、

```
>>>
```

と表示されているところで、何度か[Enter]キーを押して改行し、いま表示されている画面を改行で追い出してしまうと良いでしょう。

Lesson
3-3

作成したプログラムファイルの開き方

保存したファイルを開くには

ここまで「example03-01-01.py」「example03-02-01.py」という2つのファイルを作ってきました。このファイルを、あとで開き直すにはどうすればよいのでしょうか。その方法を説明します。

プログラムファイルの操作説明はこのレッスンで終了です

IDLEを終了するには

PythonのIDLEを終了するには、単純に右上の☒をクリックする、もしくは［File］メニューから［Close Window］（Alt＋F4）もしくは［Exit IDLE］（Ctrl＋Q）を選択します。☒や［Close Window］を選択した場合は、いまのウィンドウだけが閉じます。［Exit IDLE］を選択した場合は、IDLE自体が終了します。

ここではIDLEは終了しないで、☒をクリック、または［Close Window］を選択する方法で閉じてみます（**図3-3-1**）。

図3-3-1 IDLEを終了する

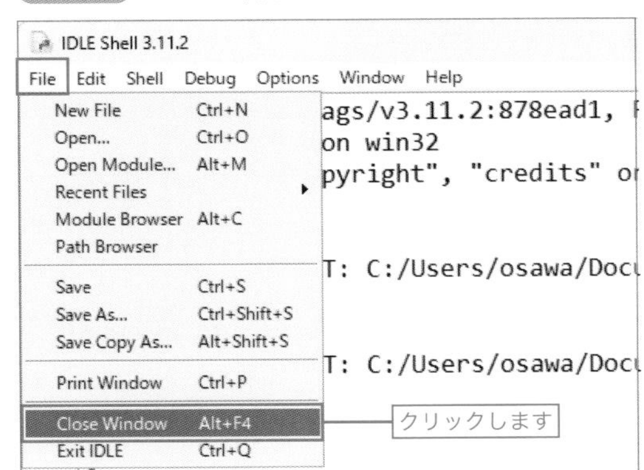

保存したファイルを開き直すには

保存したファイルを開くには、［File］メニューから［Open］（Ctrl＋O）を選択すると（**図3-3-2**）ファイルを開く画面が表示されるので、ファイルを選択します。また、もし最近使ったファイルを開きたいのであれば、［File］メニューの［Recent Files］から開く方法もあります（**図3-3-3**）。

図3-3-2 ファイルを開く

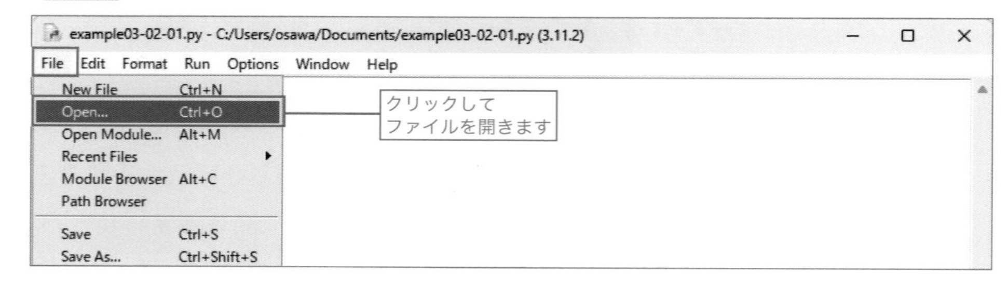

図3-3-3 Recent Filesから最近開いたファイルを開く

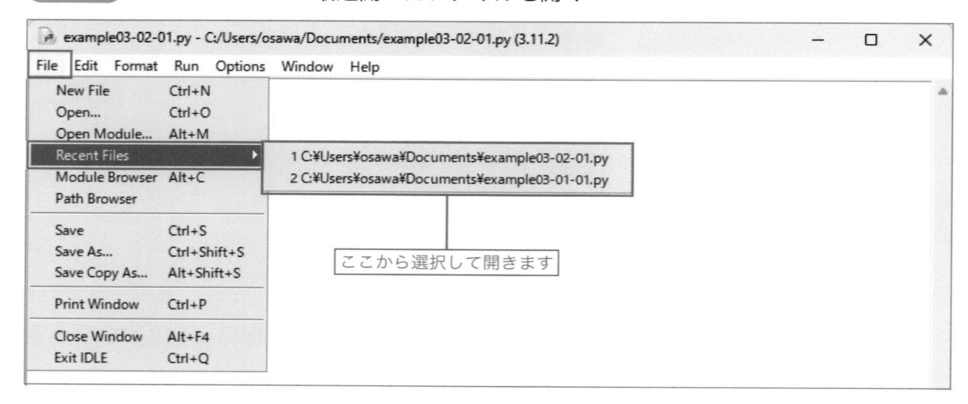

開いたら実行できる

ファイルを開いたら、[Run] メニューから [Run Module]（F5キー）を選択すると実行できます。このように保存したファイルは、何度でも実行することができます。

IDLEにおけるファイル操作や実行のまとめ

ここまでの操作方法をまとめます。以下、WindowsとMacで共通です。

- **保存したり開いたりする操作は、[File] メニューから選択します。**
- **[Save] で保存します。[Save As] で複製を保存します。既存のファイルを改良して別の名前で保存したいときも [Save As] を使います。**
- **あとで開くには [Open] を選択します。最近使ったファイルを開きたいのであれば [Recent Files] から開きます。**

これ以降、保存操作や開く操作は同じ操作なので説明は省略します。「保存する」や「開く」などの言葉が出てきたら、このレッスンを参考にして操作してください。

Lesson 3-4

「文字＝文字列」基本ルールを総まとめ

文字を表示してみよう

Pythonでは数値だけではなく、文字も扱えます。ただし文字を扱うには、少し特殊な書き方が必要です。

Pythonで文字を表示する方法について学んでいきましょう!

「"」か「'」で囲んで書く

Pythonでは文字のことを「**文字列**」と言います。文字列の「列」とは、文字が1文字ではなくて連なっているからという意味ですが、たとえ1文字でも、文字列と言います。

文字列を示すには、その**文字全体を「"」(ダブルクォーテーション)もしくは「'」(シングルクォーテーション)で括り**ます。例えば「abc」という文字を表現する場合は、これを文字列として「"abc"」もしくは「'abc'」というように表記します。

先述しましたが、余計な空白を入れるとエラーが出てしまうことがあるので、「"」や「'」の前後には空白を入れずに記述してください。

```
"abc"
```

または

```
'abc'
```

「"」と「'」の使い分け

Pythonでは、「"」と「'」の違いはありません。前が「"」であれば後ろが「"」、前が「'」であれば後ろが「'」、という組み合わせであればどちらを使っても同じです。

そこで**本書では以下、特別な理由がない限り「"」に統一**します。

ただし、「"」で括ったなかに「"」を入れたり、「'」で括ったなかに「'」を入れたりすることはできないため、記述したい文字列に「'」が入っているときは全体を「"」で、「"」が入っているときは全体を「'」で括るという形にするのが一般的です。

たとえば、記述したい文字列が「It's a pen」のように「'」が入っている場合は、全体を「"」で括るようにします。「'」で括ってしまうと、1つの文字列に「'」が3つになってしまうので、エラーが発生してしまいます。

「It's a pen」を記述する

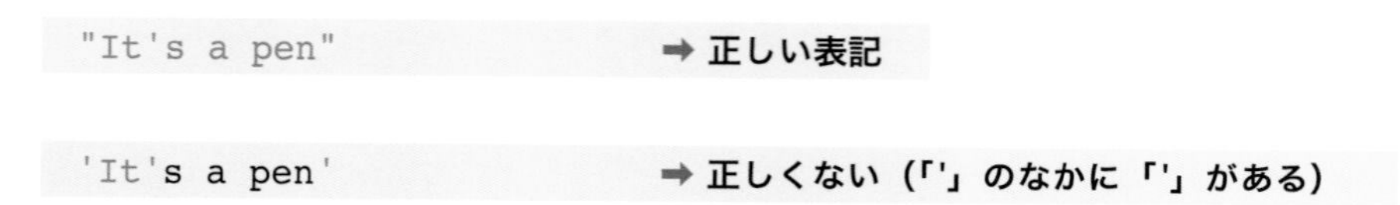

```
"It's a pen"
```
➡ **正しい表記**

```
'It's a pen'
```
➡ **正しくない（「'」のなかに「'」がある）**

もしくは、「'」を「\'」と記述する方法もあります（使っているフォントによっては「¥'」と表示されることもあります）。これを「**エスケープシーケンス**」と言います。エスケープシーケンスについては、Lesson 3-7　長い文字列を表示してみよう➡P.65で説明します。

```
'It\'s a pen'
```
➡ **正しい表記（エスケープシーケンスを利用）**

文字列を画面に表示してみよう

実際に、画面に文字列を表示するプログラムを作ってみましょう。

ここでは、画面に「abc」と表示してみます。

［File］メニューから［New File］（Ctrl＋N）を選択して新規ファイルを作成し、次のプログラムを入力してください（**図3-4-1**）。

List example03-04-01.py

```
1 print("abc")
```

図3-4-1 「print("abc")」と入力

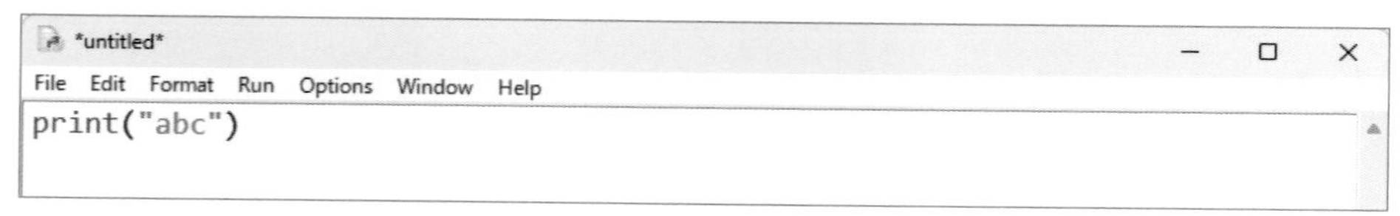

これを「example03-04-01.py」という名前で保存し、実行します。すると画面に「abc」と表示されることが分かります（**図3-4-2**）。

ここでは「"abc"」のように、全体を「"」で括っていますが、画面に表示されるときに「"」は消え、「abc」とだけ表示される点に注目してください。

ちなみに、「"」や「'」は、キーボードで**図3-4-3**のようにして入力します。

図3-4-2 実行結果（画面に「abc」と表示される）

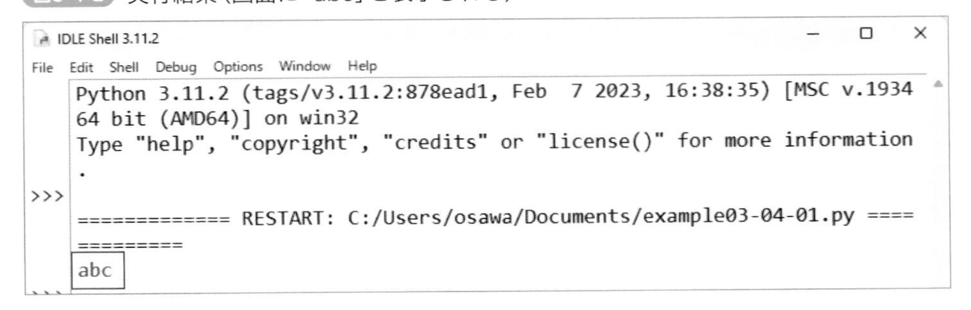

図3-4-3 キーボードで「"」や「'」を入力する方法

「¥」と「\」文字に注意

文字列を扱うときには1つ注意点があります。それはWindowsの「¥」文字と、Macの「\」（バックスラッシュ）文字です。

たとえばWindowsで「¥10,000」と表示したいとします。これをそのまま「¥10,000」と入力して実行すると、「1」の部分がうまく表示されません。

Macの場合は、この問題は起きませんが、同様の問題が「\」の文字で発生します。つまり、「\10,000」と入力して実行すると、「1」の部分が表示されません。ちなみに「\」はoptionキーを押しながら¥キーを押して入力します。

図3-4-4 「¥」と「\」の問題（以下のように入力すると「1」が表示されない）

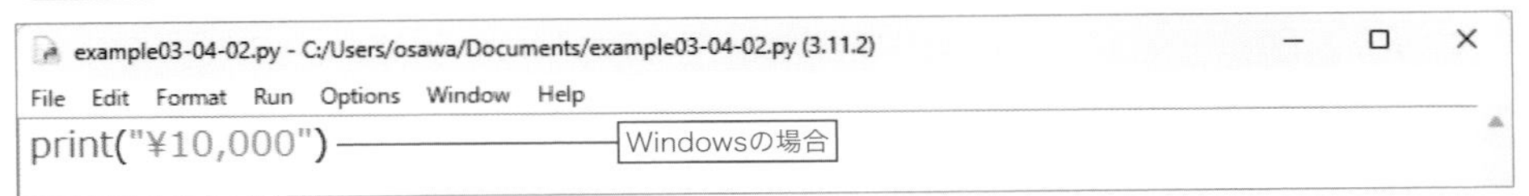


```
print("\10,000")
```

untitled — Macの場合

実際に実行すると、**図3-4-5**のように、「1」の部分が文字化けします。その理由は、Pythonでは「¥」や「\」が特殊な用途に使われているためです。Windowsの場合は「¥」を「¥¥」、Macの場合は「\」を「\\」のように「2つ連ねる」という約束事があります。

MEMO

「¥」が「\」と表示されるのは、フォントの問題で、実は内部では同じ文字です。IDLEの[Options]メニューからフォントを変更できますが、フォントによっては、「¥」と入力したときにMacと同じく「\」と表示されます。

図3-4-5 実行結果（文字化けしている）

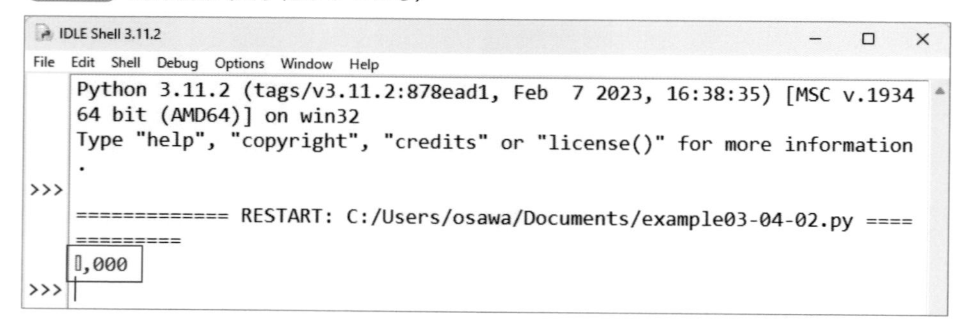

そこで、以下のように記述すれば、正しく出力されます。

List example03-04-02.py（Windowsの場合）

```
1 print("¥¥10,000")
```

List example03-04-02.py（Macの場合）

```
1 print("\\10,000")
```

「¥」や「\」にどのような意味があるのかについては、Lesson 3-7 長い文字列を表示してみよう➡P.65で説明します。

COLUMN

raw stringを利用する

「¥」や「\」文字を正しく示す方法には、別解があります。それは、

```
print(r"¥10,000")
```

のように、文字列の前に「r」を付ける方法です。
「rを付けた文字列」は「raw string（raw文字列）」と呼ばれ、「¥」や「\」を特殊文字として扱いません。文字列中に「¥」や「\」をたくさん含んでいるときは、この方法を取ると表記しやすくなります。

Lesson 3-5

文字列と数値を一度に表示するには

文字列を連結してみよう

文字列は連結することができます。連結するには「+」の記号を使います。文字列と数値を連結することもできますが、そのときは変換操作が必要です。

Pythonでは数値と文字列は別扱い。キホンの書き方を学びましょう!

「+」で連結する

「+」の記号を使うと、文字列を連結できます。

たとえば「abc」と「cde」を連結する場合には、次のように記述します。

List example03-05-01.py

```
1  print("abc"+"cde")
```

実行結果は、「abccde」とつながって表示されます。

example03-05-01.pyの実行結果

```
abccde
```

いくつでも連結できる

「+」の記号を使えばいくつでも連結できます。

たとえば、「abc」、「cde」、「def」、「hig」を連結する場合は、次のように記述します。実行結果は「abccdedefhig」と、すべてつながって表示されます。

List example03-05-02.py

```
1  print("abc"+"cde"+"def"+"hig")
```

example03-05-02.pyの実行結果

```
abccdedefhig
```

COLUMN

「*」で繰り返す

文字列では「*」（アスタリスク）という計算式も使えます。「*」は「繰り返し」を示します。たとえば「*」を使って、次のように記述します。

```
print("abc"*3)
```

これを実行します。すると、「*3」なので「abc」を3回繰り返して表示されます。

```
abcabcabc
```


文字列と数値は連結できない

「文字列」と「数値」は「+」記号で連結できません。たとえば、次のように記述するとエラーになります（**図3-5-1**）。

List example03-05-03.py（間違い）

```
1 print("abc"+123)
```

図3-5-1 example03-05-03.pyの実行結果（エラー）

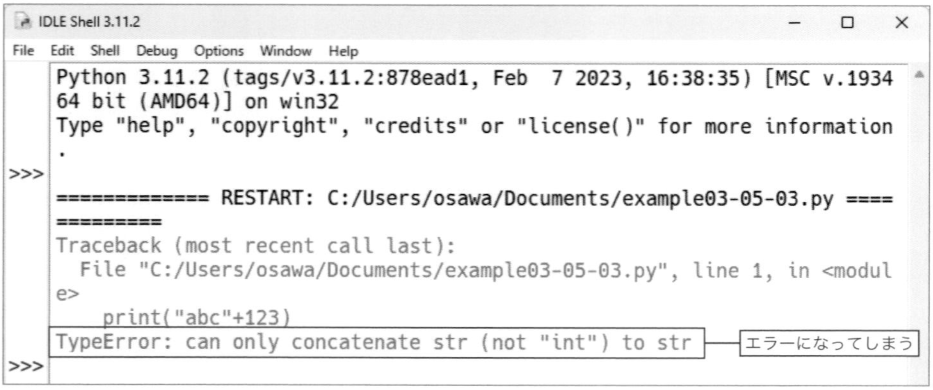

```
IDLE Shell 3.11.2
File Edit Shell Debug Options Window Help
Python 3.11.2 (tags/v3.11.2:878ead1, Feb  7 2023, 16:38:35) [MSC v.1934
64 bit (AMD64)] on win32
Type "help", "copyright", "credits" or "license()" for more information
.
>>>
============= RESTART: C:/Users/osawa/Documents/example03-05-03.py ====
=========
Traceback (most recent call last):
  File "C:/Users/osawa/Documents/example03-05-03.py", line 1, in <modul
e>
    print("abc"+123)
TypeError: can only concatenate str (not "int") to str
>>>
```

エラーになってしまう

これは「+」という記号が、以下のように、それぞれ違う意味で作用するからです。

- **文字列の場合は「連結」**
- **数値の場合は「足し算」**

従って、「文字列」と「数値」に対して同時に「+」を適用すると、Pythonがどちらの計算を適用してよいのか分からなくなってしまうので、エラーとなってしまうのです。

では、「文字列」と「数値」を「+」記号で連結するにはどうしたらよいでしょうか？　解決法は**「数値」を「文字列」に変換すればよい**だけです。

「数値」を「文字列」に変換する方法は簡単です。普通の「文字列」と同様に、「数値」全体を「"」もしくは「'」で括ります。たとえば、「123」の場合は「"123"」と記述すれば「文字列」に変換されます。

List example03-05-03.py（正しい）

```
1 print("abc"+"123")
```

数値を「"」または「'」で括る

example03-05-03.pyの実行結果

```
abc123
```

計算結果と連結したいとき

次に、文字列「abc」と「123*234の計算結果」を連結するにはどうすればよいでしょうか。123*234の計算結果は「28782」なので、正しく連結されれば、実行結果は「abc28782」と表示されるはずです。

先程の数値を文字列に変換する方法を使い、次のように記述しても、期待する実行結果は得られません。この結果は「abc123*234」となってしまいます。

List example03-05-04.py（間違い）

```
1 print("abc"+"123*234")
```

example03-05-04.pyの実行結果

```
abc123*234
```

計算されていない

期待する実行結果を得るには、「123*234の計算結果」を何らかのかたちで文字列に変換する必要があります。それを可能にするのが、Pythonの**「str関数」**です。

関数というのは、何か「値」を渡すと、内部で計算や加工など何らかの処理を行い、その結果を戻してくれる機能のことです（**図3-5-2**）。

このように、関数を使って処理をすることを**「関数を呼び出す（call）」**と言います。

図3-5-2 関数

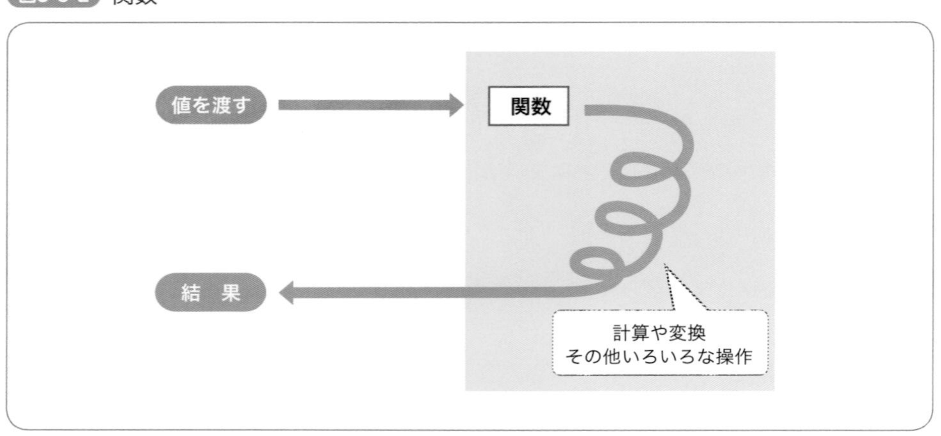

str関数は、括弧のなかに「数値」を渡すと、それを「文字列」に変換した値として戻してくれる関数です（**図3-5-3**）。

図3-5-3 str関数の呼び出し

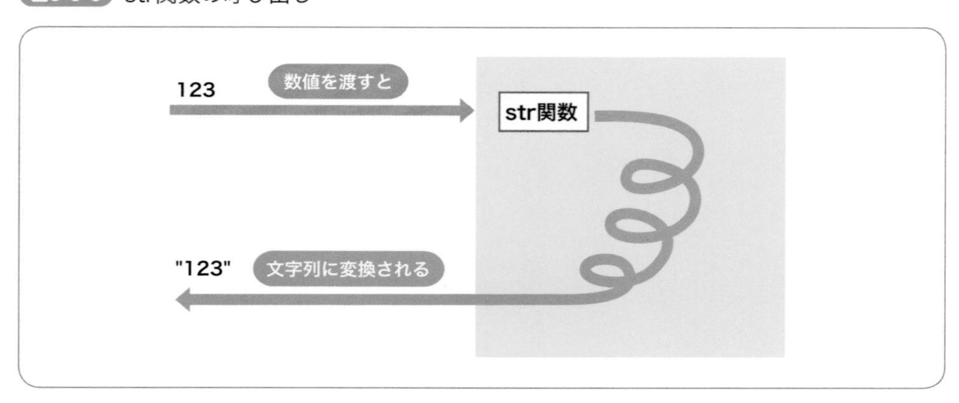

このstr関数を使って、プログラムを次のように記述します。

List example03-05-04.py（正しい）

```
1  print("abc"+str(123*234))
```

str関数で文字列に変換する

すると、**図3-5-4**のように、括弧内「123*234」の計算結果が文字列として戻ってきます。この文字列として戻ってきた計算結果と「abc」を「+」で連結するので、期待する実行結果が得られるわけです。

図3-5-4 str関数を呼び出す場合の処理の流れ

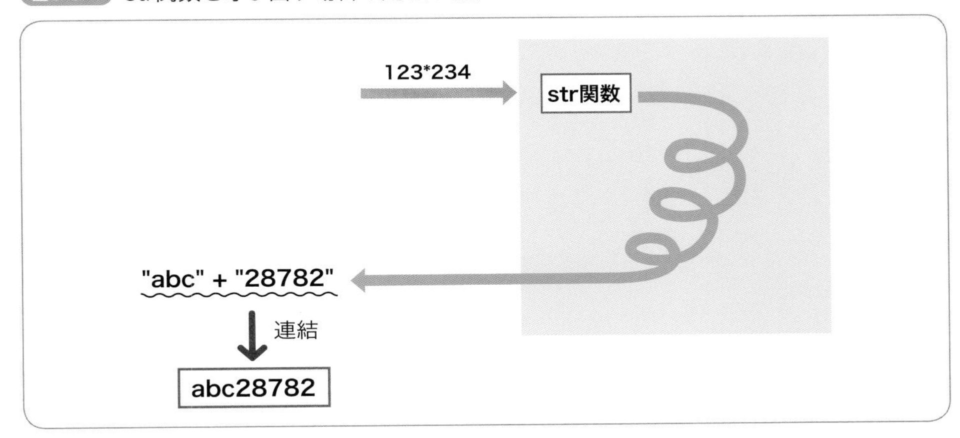

example03-05-04.pyの実行結果

```
abc28782
```

ここまで説明してきたように、「文字列」と「数値」を連結するときは、数値のままでは連結できません。str関数による変換が必要になります。

ここで例示したとき以外にも、数値を何らかの理由で文字列として扱いたいとき（たとえば、末尾から3桁目の数を取り出したいとき、「特定の桁の文字」を取り出したいときなど）は、str関数を使っていきます。

本書では、これ以降もstr関数はたびたび登場するので、覚えておいてください。

Lesson 3-6

プログラムが文字化けしないようにするには？

日本語をきちんと表示するためのルール

Pythonでは日本語を表示することもできます。ただし日本語は、設定によっては正しく動かないこともあるので注意します。

日本語の表示が文字化けしてしまうんです

書き方のルールがありますので覚えましょう

日本語も書けるが文字化けやエラーが表示されることがある

Pythonでは、日本語を記述することもできます。

たとえば、「print("こんにちは")」というプログラムを実行した場合、画面には「こんにちは」と、きちんと日本語が表示されます。

List example03-06-01.py

```
1  print("こんにちは")
```

example03-06-01.pyの実行結果

```
こんにちは
```

ただし環境によっては、エラーが表示されることがあります。これはPythonでは文字コードが「UTF-8」と呼ばれるコードで記述することを前提としているためです。

MEMO

日本語変換をオンにして記述しているのは「こんにちは」の部分だけで、それ以外の括弧や「"」は、半角英数字であることに注意してください。

エラーが発生する場合

図3-6-1 文字コードが正しくないときのエラー

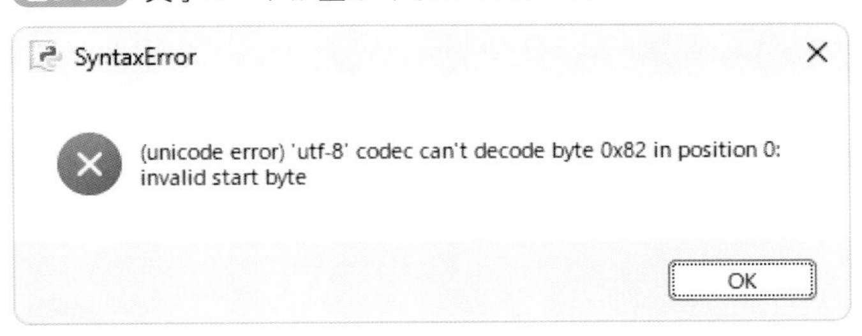

IDLEでPythonのプログラムを記述した場合には、「UTF-8」になりますが、それ以外のテキストエディタを使った場合、「UTF-8」以外のコードになることがあります。

IDLEでプログラムを書いているときは問題にならないはずですが、他のエディタで記述したPythonのプログラムで、このようなエラーが発生したときは、文字コードを「UTF-8」として保存したかどうかを確認してください。

COLUMN        

テキストエディタでPythonのプログラムを書く場合

文字コードとは、「文字をどのような数値で示すか」という規定のことです。日本語で使う文字コードには、次のものがあります。

● シフトJIS（Shift-JIS、SJIS）

Windowsで標準的に使われる文字コード。Macでもときどき使われることがある。丸文字などを使えるようにマイクロソフト社が改良した文字コードは、CP932と呼ばれる。

● JIS

メールを記述するときに使われる文字コード。メールソフト以外で使われることは、ほぼない。

● UTF-8

最近よく使われる文字コード。日本語だけでなく世界各国の文字すべてを扱える。

Lesson 3-7

Pythonで日本語を改行して表示するには？

長い文字列を表示してみよう

Pythonでは長い文字列を扱うこともできます。しかし、文字列中に改行が入っている場合には、特殊な書き方をしないとうまく反映されません。

エラーにならない改行の記述方法、書き方のルールを覚えましょう。いくつかありますが、入力していくうちに慣れてきます

「"」のなかに改行を入れるとエラーになる

Pythonでは「"」もしくは「'」で前後を括ったなかに改行を含めることはできません。

たとえば次のプログラムのように、「print」のなかで改行してしまうと、実行できずにエラーが表示されます（**図3-7-1**）。

List example03-07-01.py（間違い）

```
1 print(" こんにちは。今日の晩ご飯は何でしたか？↵
2 おいしかったですか？↵
3 何カロリーでしたか？↵
4 ")
```

改行するとエラーになる

図3-7-1 example03-07-01.pyの実行結果（文字列中に改行がある場合のエラー）

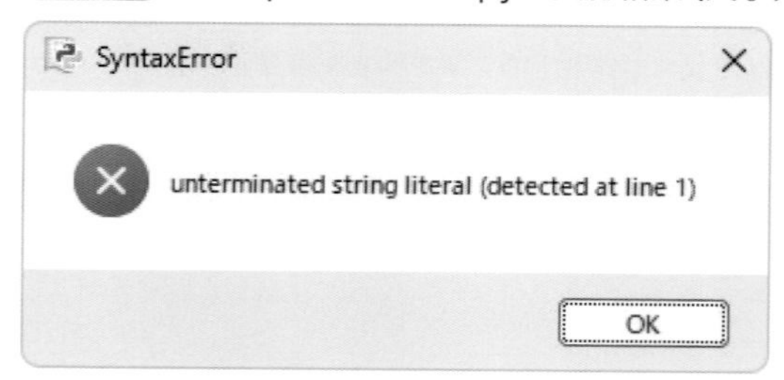

改行を示す特別な文字

改行を表現するにはいくつかの方法があります。

1つ目の方法は「**エスケープシーケンス**」という表記を使う方法です。エスケープシーケンスとは「¥」や「\」マークに英文字を続けることで、特別な文字を表せる記号のことです。

少し分かりにくいのですが、この文字はフォントの形の問題で、Windowsでは「¥」、Macでは「\」となっています。Macではoption+¥キーで入力します。本来の形はMacが正しく、「\」（バックスラッシュ）が正しいので統一しますが、**Windowsでは「¥」（円記号）に読み替えてください。**

改行は「\n」（Windowsなら「¥n」。以下同じ）というマークです。改行したい部分に「\n」を置いて、1行でプログラムを記述します。

プログラム上は1行ですが、実行するときに「\n」の部分が改行に置き換わります。結果はその部分で改行されて表示されます。ほかにもエスケープシーケンスには、**表3-7-1**に示す表記があります。

表3-7-1 エスケープシーケンス

エスケープシーケンス	意味
\newline	バックスラッシュ（円記号）と改行文字が無視されます
\\	バックスラッシュ（円記号）(\)
\'	一重引用符 (')
\"	二重引用符 (")
\a	ASCII 端末ベル (BEL)
\b	ASCII バックスペース (BS)
\f	ASCII フォームフィード (FF)
\n	ASCII 行送り (LF)。改行のこと
\r	ASCII 復帰 (CR)
\t	ASCII 水平タブ (TAB)
\v	ASCII 垂直タブ (VT)
\ooo	8進数値 ooo を持つ文字
\xhh	16進数値 hh を持つ文字
\N{name}	Unicode データベース中で name という名前の文字
\uxxxx	16-bit の16進値 xxxx を持つ文字
\Uxxxxxxxx	32-bit の16進値 xxxxxxxx を持つ文字

※Windowsユーザーは「\」を「¥」に読み替えてください

それでは、「\n」を使って**example03-07-01.py**に改行を入れてみましょう。次のように記述します。

List example03-07-01.py

```
1  print(" こんにちは。今日の晩ご飯は何でしたか？ \n おいしかったですか？ \n
2  何カロリーでしたか？ ")
```

Windowsの場合は「¥n」／Macの場合はoption＋¥で入力

example03-07-01.pyの実行結果

```
こんにちは。今日の晩ご飯は何でしたか？
おいしかったですか？
何カロリーでしたか？
```


改行を含めて記述できる便利な三重クォート

エスケープシーケンスを使う方法は、プログラムに書いた内容と実際の結果とが違うため、見にくいという欠点があります。

実はPythonにはもっと簡単な方法があります。それは「**三重クォート**」（三重クォーテーション）で括る方法です。「"」を３つ続ける、もしくは「'」を３つ続けるという書き方です。この書き方の場合、囲まれた部分を改行も含めてそのまま扱います。三重クォートを利用すれば、プログラムで書いたとおりに画面に表示されるので、分かりやすい結果となります。

List example03-07-02.py

```
1  print(""" こんにちは。今日の晩ご飯は何でしたか？
2  おいしかったですか？
3  何カロリーでしたか？ """)
```

「"""」で囲めば改行を含められる

逆に、改行したくないときは？

逆に改行したくないときもあります。改行したくないときには「"」もしくは「'」で括ったなかにどんどん文字を記述すれば良いのですが、そうした場合、IDLEエディタだと横が切れてしまってプログラムの見通しが悪くなるという問題があります（**図3-7-2**）。

List example03-07-03.py（丸ごと" "で括る場合）

```
1  print(" こんにちは。今日の晩ご飯は何でしたか？おいしかったですか？何カロ
2  リーでしたか？ ")
```

図3-7-2 IDLEエディタだと右が切れてしまい見にくい

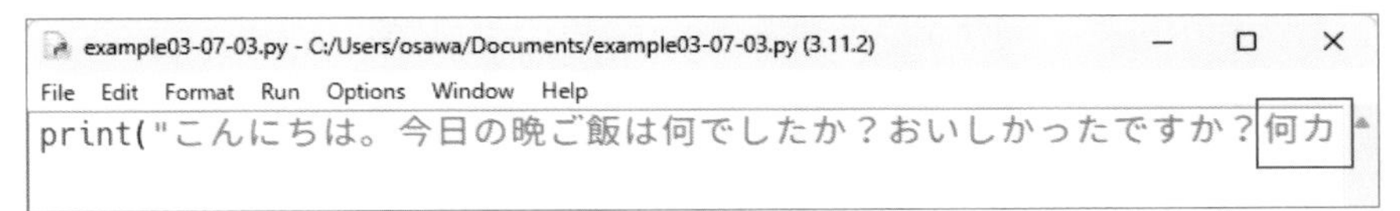

解決方法はいくつかあります。既に説明した方法だと、たとえば「+」の記号を使って文字列同士を連結するという方法が挙げられます。この方法だと好きな場所で改行することができます。ただし「+」で区切るということは、文字列に対してしか使えません。

List example03-07-04.py（＋で連結する場合）

```
1  print("こんにちは。今日の晩ご飯は何でしたか？" +
2  "おいしかったですか？" +
3  "何カロリーでしたか？")
```

適当な所で分けて「+」で連結する

実はPythonでは、もっと汎用的に**好きな場所で改行できる**機能があります。

その方法は**行末に「\」記号（Windowsの場合は「¥」記号）を書くだけ**と、とても簡単です。行末に「\」記号（「¥」記号）を記述すると、プログラムを適当な所で改行できるので、全体の見通しが良くなります（**図3-7-3**）。

List example03-07-05.py（行末に\を書く場合）

```
1  print("こんにちは。今日の晩ご飯は何でしたか？\
2  おいしかったですか？\
3  何カロリーでしたか？")
```

Windowsの場合は「¥」
Macの場合はoption＋¥で入力

図3-7-3 エディタの都合で行を切りたいときは末尾に「\」（「¥」）を書けばよい

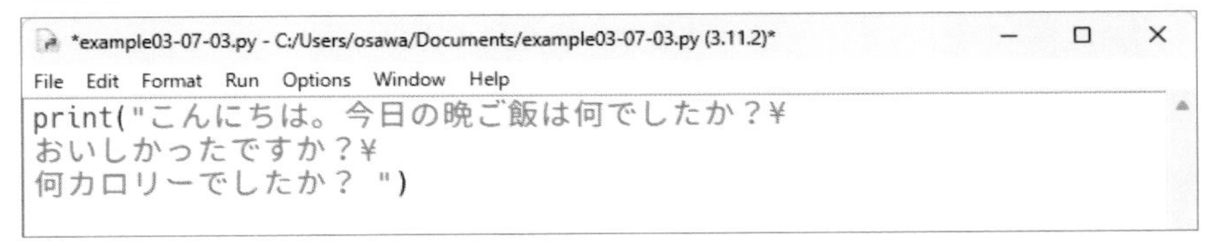

書籍にサンプルプログラムが掲載されている場合にも、よくお目にかかる表記です。これは文章が切れないように便宜上改行をしているだけで、続けて書いてもまったく同じ結果になります。

example03-07-03～05.pyの実行結果

```
こんにちは。今日の晩ご飯は何でしたか？おいしかったですか？何カロリーでしたか？
```

printで改行したくないときは

ところで、「print」という命令は最後に改行をします。

しかし、最後に「**, end=""**」と付け加えると、最後の改行をしないようにできます。「"」の部分は「'」と記述しても同じです。次の「**example03-07-06.py**」は「, end=""」を追記することで改行されず、連続で記述したものと同じ結果になります。

List example03-07-06.py

```
1  print("こんにちは。今日の晩ご飯は何でしたか？", end="")
2  print("おいしかったですか？", end="")
3  print("何カロリーでしたか？")
```

改行しない指示

なお、最後の文だけ「end」が付いていないのは、最後だけ改行するという意味です。特にそれ以上の意味はありません。

Lesson 3-8

知らないとエラーになってしまいます

空白、インデント、改行の役割

Pythonは空白に意味がある言語です。特に行頭の空白の有無で、エラーが出たり出なかったりすることがあるので注意が必要です。

何気なく空白を入れてるけど大丈夫かしら

空白やインデント、改行の方法にも書き方のルールがあります。
知らないとエラーになってしまいますので、書きながら覚えていきましょう！

空白や改行は見やすくするために使ってよい

空白は、「+」や「=」、「(」や「)」などの記号を見やすくするために、適当に入れて使ってかまいません。たとえば、

```
print("abc"+"cde")
```

という記述は、

```
print( "abc" + "cde" )
```

のように、括弧や「+」の前後に空白を入れると見やすくなります。また、この空白はいくつ入れても結果に違いはありません。

```
print(        "abc"        +        "cde" )
```

このように入力しても動作は同じです。結果は次のように表示されます。

```
abccde
```

ただし、「"」や「'」で前後を括った文字列は、そのなかに空白があれば、その空白がそのまま表示されます。たとえば、

```
print("abc            def")
```

とすれば、以下のように表示されます。

```
abc          def
```

空白もそのまま表示される

さらに、**改行も空白と同様**です。

```
print(" こんにちは。今日の晩ご飯は何でしたか？ ")
print(" おいしかったですか？ ")
print(" 何カロリーでしたか？ ")
```

こう書くのと、以下のように1行ごとに書くのでも同じ結果になります（↵は改行の意）。

```
print(" こんにちは。今日の晩ご飯は何でしたか？ ")
↵
print(" おいしかったですか？ ")
↵
print(" 何カロリーでしたか？ ")
```

空白と同様に、改行もいくつ入れても動作に支障はありません。見やすくするために、好きな位置で適当に改行を入れると良いでしょう。

ちなみに、改行だけの行を「**空行（からぎょう）**」と呼びます。

行頭の空白だけは例外

ただし、行頭の空白だけは例外です。

行頭の空白は「**インデント（字下げ）**」と呼ばれ、段落を揃える役割を示します。Pythonの場合、段落の揃えは、プログラムを見やすくするという目的ではなくて、どこからどこまでがひとまとめのブロックなのかという**制御構造**を示しています。そのため、行頭に余計な空白があるとエラーが表示されます。

基本的にプログラムは、一番左側に行の頭を揃えて記述しなければなりません。行頭に不要な空白がある場合はエラーが出ることがあるので注意してください（**図3-8-1**）。逆に制御構造を書くときには、左側に空白を入れなければならないことがあります。それについては、Lesson 4-3　繰り返し実行してみよう①for構文➡P.82で説明します。

ここで覚えておきたいことは、行頭に余計な空白を入れないということです。

MEMO

インデントは1文字の空白ではなく、4文字や8文字の空白で構成することがほとんどです。Tabキーを入力すると、まとめてこれらの文字数分の空白を入力できます。

行頭にインデントがあるとエラーになる

```
    print(" こんにちは ")
```

行頭に空白があってはいけない

図3-8-1 インデントが正しくないエラー

SyntaxError
unexpected indent
OK

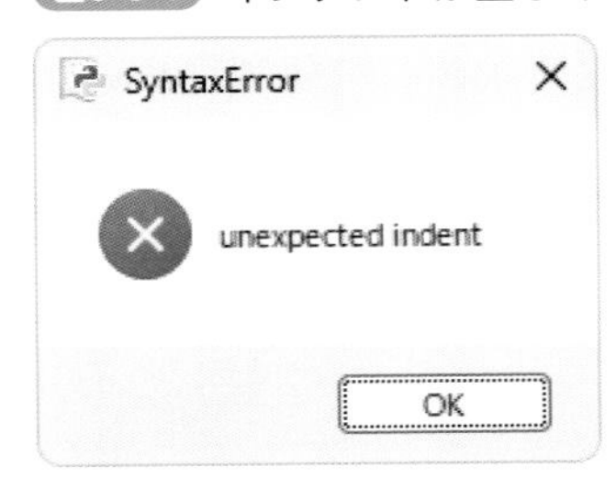

COLUMN

IDLEでインデントを直す

プログラムでインデントが正しくない場合、1つ1つ行頭の空白を削除していくという作業は大変です。そうしたとき、IDLEを使っている場合には、全体をマウスで選択し（**図3-8-A**）、Ctrlキーを押しながら[キーを押すことで行頭からの字下げを戻す（行頭を左側に移す）ことができます（**図3-8-B**）。なお、Macの場合は⌘＋[キーで同様の操作が可能です。

図3-8-A 全体をマウスで選択する

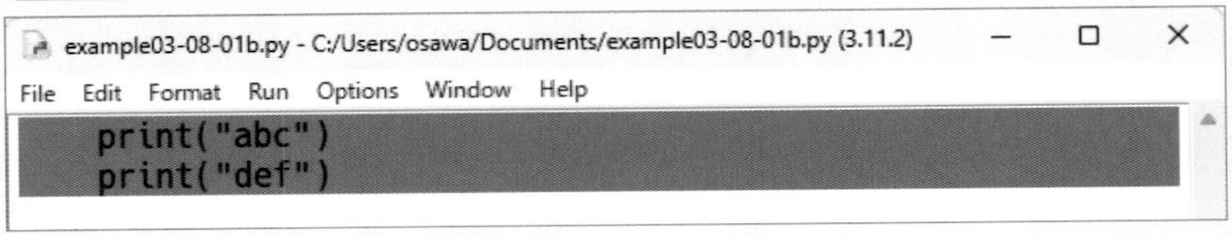

example03-08-01b.py - C:/Users/osawa/Documents/example03-08-01b.py (3.11.2)
File Edit Format Run Options Window Help
print("abc")
print("def")

Ctrl＋[キーを押す

↓

図3-8-B 行頭の空白が取り除かれる

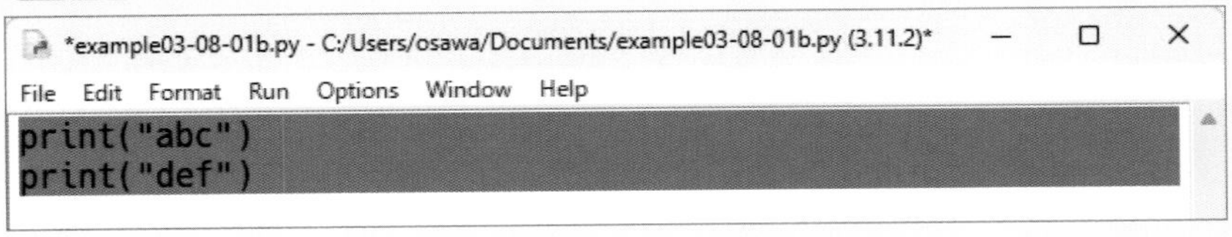

example03-08-01b.py - C:/Users/osawa/Documents/example03-08-01b.py (3.11.2)
File Edit Format Run Options Window Help
print("abc")
print("def")

Lesson 3-9

プログラムにメモ書きするには？

プログラムを補足するコメントの書き方

プログラムには、メモ書きをすることができます。それを「コメント」と言います。コメントはプログラムの実行には関係ありません。Pythonでは「#」から始まる行がコメントとして扱われます。

コードを読みやすくするために
コメントは積極的に使いましょう

「#」以降はコメント

プログラムを作っていると、誰かに説明したり、もしくは自分が忘れないようにしたりするために、ちょっとしたメモ書きをしたいことがあります。

そのような目的のために、プログラムの処理とは関係なく好きな文字をメモしておける機能があります。これがコメントです。コメントを書くときには、**頭に「#」（半角）を付けます**。これにより、#以降の部分が無視されます。

コメントの例

コメントはたとえば、次のように記述します。

List example03-09-01.py

```
1  # 画面に文字を表示する
2  print(" こんにちは。今日の晩ご飯は何でしたか？ ")   # 1行目の表示
3  print(" おいしかったですか？ ")
4  print(" 何カロリーでしたか？ ")
```

コメント

コメントは好きな所に書くことができます。また、文の1行だけがコメントというわけではなくて、行末に「#」を付けて、それ以降をコメントにするということもできます（上のコードで2行目の例）。

プログラムを分かりやすくするために、コメントを適宜書いていくと良いでしょう。本書でもプログラムの説明をするときにコメントを適宜記述していきます。

COLUMN

エラーが出てうまくいかないときは

次章から、具体的にさまざまなプログラムを書いていきます。プログラムが出てきたら、実際に入力して試してみてください。もし、うまくいかないときには、ここで示すような事柄を確認してみてください。

【うまくいかないときのチェックポイント】
次の点を確認しましょう。

- **大文字と小文字の区別は正しいか**
- **全角文字で入力していないか**
- **行頭の空白の数は正しいか（指定されない限り、行頭には空白を入れない）**
- **括弧の対応が間違っていないか**
- **シングルクォーテーション（'）やダブルクォーテーション（"）が間違っていないか**
- **文字コードは正しいか**
- **ファイル名に日本語を使っていないか**

COLUMN

うまく動かないときはコピペしよう

プログラムは、少しでも入力ミスがあると動きません。本の通りに入力したつもりでも、空白の有無や記号の間違いなど、些細なところでエラーが発生することもあります。また誌面の都合上、プログラムが折り返されているところもあり、そうしたところは、改行せずに続けて入力しなければならないこともあります（本書に掲載しているプログラムは行に番号を振っています。行番号が変わらずに折り返されているところは1行で入力します）。

どうしてもうまく動かないときは、提供されているサンプルプログラムをコピペしてみましょう。本書では、サポートページ（サポートページについては、P.2を参照）から掲載しているプログラムをダウンロードできるようにしてあります。これらを活用して比較することでエラーを防げますし、何を間違えたのかの理解が深まるはずです。

Chapter 4

プログラムを構成する基本的な機能

プログラミング言語には、値を一時的に保存したり、計算したり、処理を繰り返したり、条件によって処理を分岐したりする基本的な機能があり、それらを組み合わせることで、プログラムを作っていきます。

こうした基本的な機能を習得するのは、少し退屈です。しかし、プログラムを作れるようになるためには、欠かせない知識です。できるだけシンプルに、最低限のことだけをまとめて説明します。

Lesson 4-1

基本文法をしっかり身につけよう

プログラムを構成する6大要素

Chapter 3では、命令を書くと、それが書いた順に上から実行されると説明しました。しかしそれだけでは、ただ手順を記録した「レコーダー」のように、並べられたことを順に実行することしかできません。
そこで利用したいのがプログラムを制御するための基本機能です。Pythonに限らず、ほぼすべてのプログラミング言語には、命令を繰り返したり、計算結果などによって処理を分岐したりする機能があります。

プログラムを制御するための基本機能

何をもって基本機能とするのかは考え方によって異なりますが、おおむね次の6つの機能が基本機能です。

❶計算機能

さまざまな計算機能です。「+」「-」「*」「/」などの記号を使った四則演算や、「+」を使った文字列の連結などが挙げられます。

この機能については、すでにLesson 2-4 インタラクティブモードで遊んでみよう➡P.34やLesson 3-5　文字列を連結してみよう➡P.57などで説明しました。

❷変数（へんすう）

計算結果をはじめ、ユーザーが入力した値やファイルからの読み取り、ネットワーク通信で取得したデータなど、ありとあらゆるデータを一時的に保存する仕組みです。本章のLesson 4-2 変数を使ってみよう➡P.78で説明します。

❸繰り返し

命令を何回か（もしくは何十回か何百回、何千回、もしくは終了するまで永遠に）繰り返し実行する機能です。命令を1つしか書かなくても、指定した回数だけ繰り返すことができます。本章のLesson 4-3　繰り返し実行してみよう①for構文➡P.82、Lesson 4-4　繰り返し実行してみよう②while構文➡P.90で説明します。

❹条件分岐

計算結果や変数に格納された値が、どのようなものであるかによって、処理を分岐する仕組みです。

条件分岐は、多岐に渡って使われます。たとえば、「入力した文字や数字が範囲内にあるかどうかを調べてエラーメッセージを表示する」とか「今日が日曜日のときは、別の処理をする」などです。詳しくは本章のLesson 4-5　条件分岐する／if構文➡P.95で説明します。

❺関数

処理を1つにまとめることができる機能です。すでに、Lesson 3-5　文字列を連結してみよう➡P.57では、**str関数**を使って数値を文字列に変換しましたが、それ以外にもたくさんの関数があります。そして関数は、自分で作ることもできます。詳細はLesson 4-6　関数を使う➡P.102で説明します。

❻モジュール（外部機能）

Python本体には基本的な機能しかありません。「ウィンドウ表示したい」とか「音を出したい」「ネットワーク通信したい」などの機能は、Pythonとは別に追加できる形式で提供されています。こうした追加機能のことを**「モジュール」**と呼びます。

モジュールを使うには、最初にモジュールを読み込むための操作が必要です。詳細はLesson 4-7　機能を拡張するモジュール➡P.112で説明します。

以降、本章では、ここに掲げた基礎的な機能がどのようなものであるかを、順に説明していきます。

プログラムは、この6つの基本機能を組み合わせて作っていきます

Lesson
4-2

データを一時的に保存するための器

変数を使ってみよう

変数（へんすう）は、値を保存するための場所です。計算結果など、さまざまなデータを一時的に保存するときに使います。

変数とは

変数は、プログラムを書く人が好きな名前を付けた「器」です。その器には、好きな値を格納することができ、あとで参照して利用できます。

実際に、インタラクティブモードを使って試してみましょう。IDLEのインタラクティブモードで次のように入力してみてください。

インタラクティブモード

```
>>> a = 1 Enter
```

これは、「変数aに、値1を格納する」という意味の文です。このように変数に値を格納する操作を「**代入（だいにゅう）**する」と表現し、**「=」の記号**を使います。

上記の命令を実行すると、右の**図4-2-1**のように「aという名前の箱」ができて、そのなかに「値1」が格納されます。

図4-2-1 変数aに値1を格納する

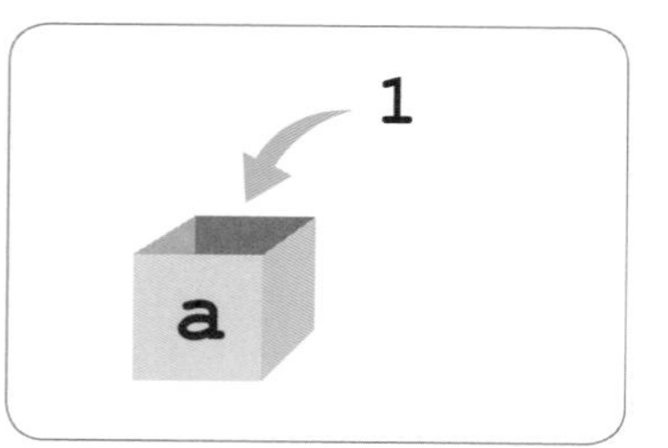

変数はいくつでも作れます。たとえば以下のように、

インタラクティブモード

```
>>> b = 2 Enter
```

と入力すれば、変数bには「値2」が格納されます。

変数は、最初に値を代入したときに作られます。最初に「変数名＝値」と記述して変数を作る操作を「**変数を定義して初期化する**」と言います。

図4-2-2 変数bに値2を格納する

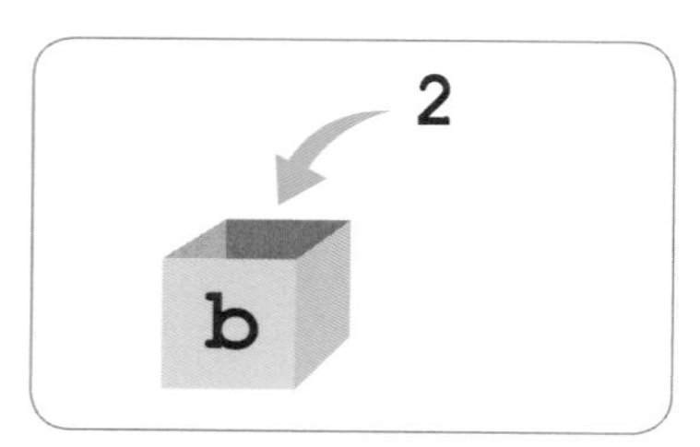

文字列を格納する

文字列も格納できます。たとえば、

インタラクティブモード

```
>>> c = "abc" Enter
```

とすれば、変数cに「値"abc"」が格納されます。

図4-2-3 変数cに値"abc"を格納する

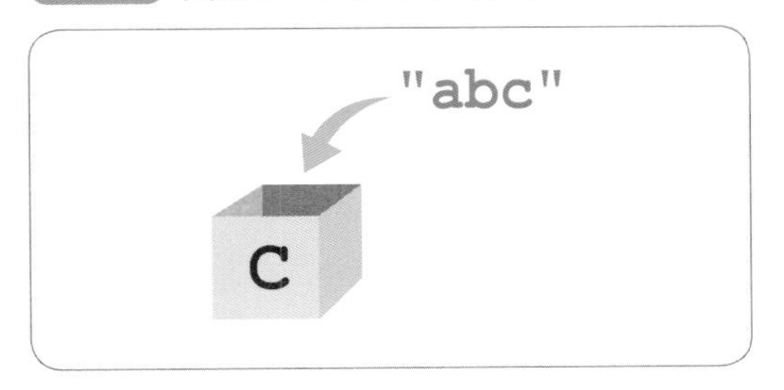

変数名は長くてもかまわない

変数名は長い名称でもかまいません。実際、値の意味を分かりやすくするために、「name」（氏名などを格納）、「total」（総計などを格納）、「tel」や「telephone」（電話番号などを格納）」といった変数名がよく使われます。

インタラクティブモード

```
>>> username = "山田太郎" Enter
```

上のように記述すれば、usernameという名前の変数ができ、そこに"山田太郎"という値が格納されます（**図4-2-4**）。

図4-2-4 変数usernameに値 "山田太郎"を格納する

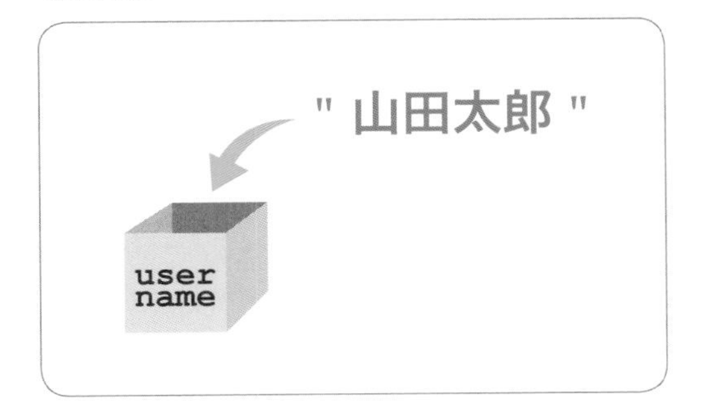

このように「何か好きな名前を付けた入れ物に、値を格納しておく」のが変数です。

変数の参照

変数に保存した値は、その「変数名」を指定すると、値を取り出せます。

インタラクティブモード

```
>>> a Enter
```

このように「a」と入力するだけで、変数aの値が表示されます。これまでの操作を実際に試した人なら、変数aにはすでに1という値が設定されているので、画面には「1」と表示されるはずです。

同様に、「username」と入力すれば、「山田太郎」と表示されます。このように、変数の値を取り出す行為を「**参照**」と言います。

変数の計算も可能です。たとえば以下のように入力すると、

インタラクティブモード

```
>>> a + b Enter
```

aの値である「1」とbの値である「2」が足し算された結果として「3」が表示されます（**図4-2-5**）。

図4-2-5 設定した変数を参照する

```
>>> a = 1
>>> b = 2
>>> c = "abc"
>>>
>>> username="山田太郎"
>>> a
1
>>> username
'山田太郎'
>>> a + b
3
```

変数を定義して初期化
aを参照する
usernameを参照する
a+bを計算する

値を格納していないと参照できない

それでは、まだ値を設定していない変数を参照したときは、どうなるでしょうか？　たとえば、ここまでの操作では、「d」という名前の変数は定義していません。この値を参照してみましょう。

インタラクティブモード

```
>>> d Enter
```

すると、「name 'd' is not defined」というエラーになります（**図4-2-6**）。

図4-2-6 変数を定義していないのに参照したとき

```
>>> a = 1
>>> b = 2
>>> c = "abc"
>>>
>>> username = "山田太郎"
>>> a
1
>>> username
'山田太郎'
>>> a + b
3
>>> d
Traceback (most recent call last):
  File "<pyshell#9>", line 1, in <module>
    d
NameError: name 'd' is not defined. Did you mean: 'id'?
>>>
```

未定義のdを参照するとエラーが表示される

Pythonのプログラムファイルから操作する

ここまでインタラクティブモードで操作してきましたが、Pythonのプログラムファイルから操作する場合も同じです。たとえば、**example04-02-01.py**のプログラムを実行すると、画面には、「3」と表示されます。

すでに、Lesson 3-1 1つのファイルに命令をまとめよう➡P.42で説明したように、プログラムファイルとして実行する場合は、値を表示するのにprint命令が必要なので、

```
print(a + b)
```

と記述しています。

List example04-02-01.py

```
1 a = 1
2 b = 2
3 print(a + b)
```

aに1を代入
bに2を代入
a+bの結果を表示

Lesson 4-3

同じ命令を指定した回数だけ繰り返すには

繰り返し実行してみよう①for構文

プログラムでは、同じ処理を好きなだけ何度でも繰り返し実行でき、その性質を使うことで、プログラムを短く書くことができます。

同じ文をたくさん表示したい

プログラムを書いていると、同じ処理を何度も繰り返し実行したいことがあります。簡単な例として、1から5までの数字を順に表示したいと考えます。素直に考えると以下のように、printを5回並べる方法が、まず挙げられます。

```
print(1)
print(2)
print(3)
print(4)
print(5)
```

それでは、100まで表示したいときには、どうしたらいいでしょうか？

```
print(1)
…略（98個）…
print(100)
```

このように、100行も記述するのでしょうか？　これは現実的ではなさそうです。

そこで、どのようなプログラミング言語にも、**「繰り返し実行する構文」**があります。Pythonでは、「どのような方法で繰り返すのか」によって、次の2つの構文があります。

❶ for構文

指定する値の列から1つずつ取り出し、それが尽きるまで繰り返す。

❷ while構文

指定する条件を満たしている間、実行する。

繰り返し処理することは「**ループ処理する**」とも言われます。このLessonでは、❶の**for構文**を説明します。

for構文で繰り返す

指定した回数だけ繰り返すときに、よく使うのがfor構文です。「指定する値の列」を1つずつ取り出して、それが尽きるまで繰り返す操作をします。

シーケンスを使って繰り返す

for構文に「指定する値の列」は、「1つずつ取り出せるもの」であれば何でもよく、これを「**シーケンス（Sequence。順序立てているもの、といった意味）**」と言います。シーケンスには、いくつかの種類がありますが、代表的なものは「**リスト（List）**」と呼ばれる値です。リストは、「値をカンマで区切って列挙し、全体を[]で囲ったもの」です。

実際に、リストとfor構文を使って、「5回繰り返す例」を**example04-03-01.py**に示します。

List example04-03-01.py

```
1  for a in [1,2,3,4,5]:
2      print(a)
```

ここはスペースを空けて入力（後述）

ここでは、[1,2,3,4,5]というリストを作っています。このリストに対して、

書式 **for構文とリストの使用例**

```
for a in [1,2,3,4,5]:
```

と記述すると、「1」「2」「3」「4」「5」を1つずつ取り出して、変数aに代入しながら、その値が尽きるまで繰り返します。つまり、aの値が「1」「2」「3」「4」「5」と変化しながら繰り返されます。

繰り返される箇所は、その下の

```
print(a)
```

の部分です。つまり、変数aの値を表示する処理が繰り返し実行されるので、

```
1
2
3
4
5
```

結果はこのように表示されます。

この処理の流れを図示すると、**図4-3-1**のようになります。

図4-3-1 forの繰り返しの流れ

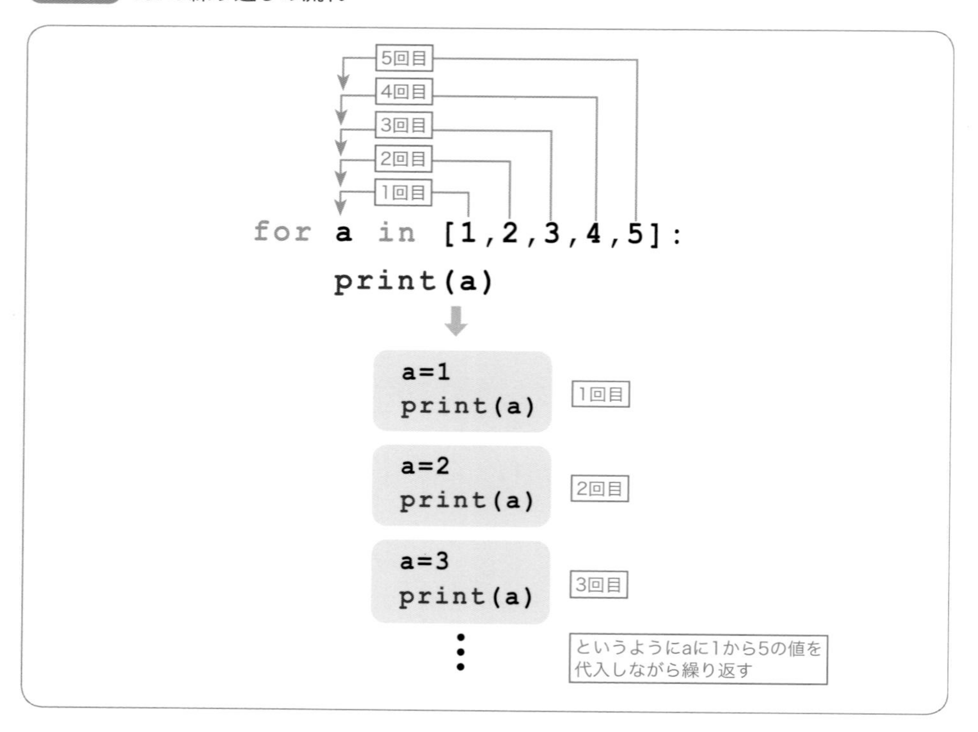

変数名は任意のものでかまわない

なお、ここで指定している「a」というのは、単なる変数名です。変数名はどのような名称でもかまいません。たとえば、

```
for b in [1,2,3,4,5]:
    print(b)
```

のように、「**b**」にしても同じです。

なお、このように繰り返すときには、**慣例的に「i」や「j」という変数名が使われます**。つまり、次のように変数「i」を用います。

```
for i in [1,2,3,4,5]:
    print(i)
```

「i」が使われるのは歴史的な理由で、「Integer（整数）」の頭文字であることに由来しています（「j」は単純に、「i」の次の文字であるという理由からです。ほかにも、「Number（数値）」の頭文字の「n」なども、こうした繰り返し処理でよく使われます）。

慣例は絶対的なものではありませんが、慣例に慣れておいたほうが、人が作ったプログラムを読むときの理解が早まるので、本書でもこれ以降、できるだけ慣例にならった記述で説明していきます。

繰り返す場所はインデントで指定する

さて、**example04-03-01.py**の3行目にある「print」が少し右にずれているのに注目してください。これを「**インデント（字下げ）**」と言います。

Pythonでは、**「どの部分を繰り返すのか」を、「右にずれたブロック（インデントされたブロック）」で判断**します（**図4-3-2**）。

MEMO

1行目の行末に「:」がある点にも注目してください。書き忘れるとエラーになります。

図4-3-2 繰り返す範囲を指定するインデント

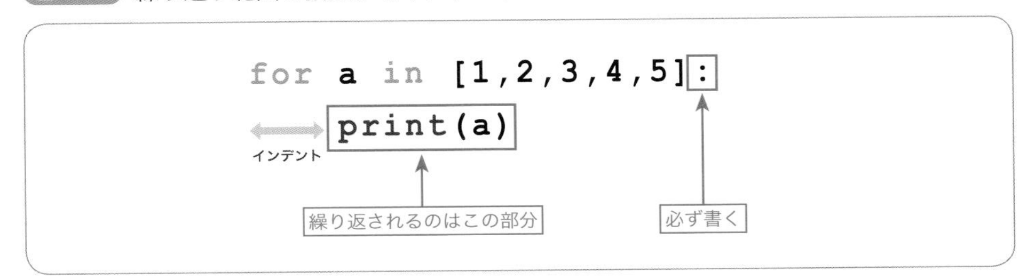

もしインデントしない場合には、文法エラーとなるので注意してください。

インデントは、Tabキーを押すと入力できます。また、IDLEを使っている場合には、範囲選択して、［Format］メニューの［Indent Region］を選択すると、インデントを入力できます（［Deindent Region］を選択すると、インデントが戻ります）。

MEMO

もしくはCtrl＋]キーを押してもインデントできます。インデントを戻すときはCtrl＋[キーを押します。Macの場合は⌘＋]キーでインデント、⌘＋[キーでインデントを戻すことができます（**図4-3-3**）。

図4-3-3 インデントを入力する

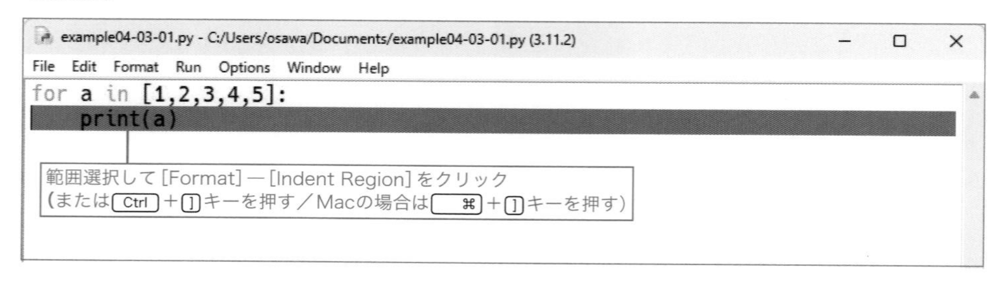

複数の文を入力する場合のインデントの違いを理解する

example04-03-01.py では、「1」「2」「3」「4」「5」のように繰り返し表示しましたが、今度は、

```
1
こんにちは
2
こんにちは
3
こんにちは
4
こんにちは
5
こんにちは
```

のように、それぞれの数の後ろに「こんにちは」と表示するように修正してみましょう。プログラムは、次のようになります。

```
for a in [1,2,3,4,5]:
    print(a)
    print("こんにちは")
```

2行ともインデントしている

ここでは、2行分がインデントされている点に注目してください。**forは、その下のインデントを「1つのブロック」として繰り返し実行**します。

```
for a in [1,2,3,4,5]:
    print(a)
print("こんにちは")
```

インデントしている
インデントしていない

もし、上記のように「print("こんにちは")」をインデントしないと、繰り返しの対象にはならないので、最後に1つだけ「こんにちは」と表示されます。

```
1
2
3
4
5
こんにちは
```

このようにPythonでは、インデントが1つのブロック単位となるので、インデントの範囲を間違えないように注意してください。

図4-3-4 インデントの違いで繰り返しの実行範囲が異なる

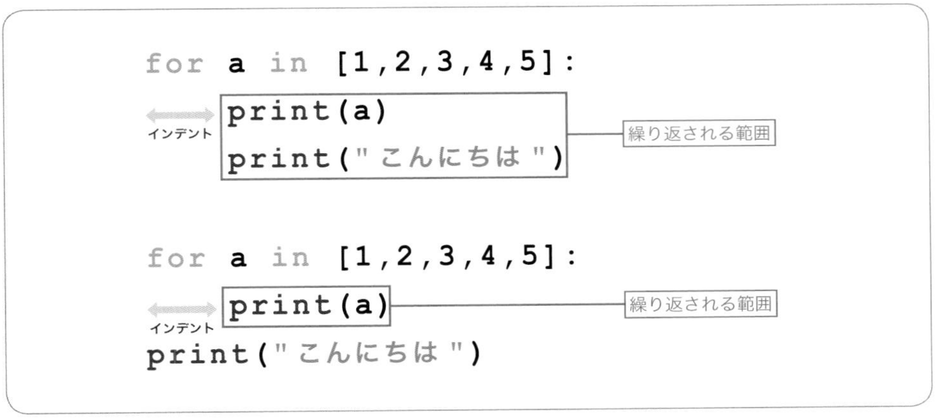

```
for a in [1,2,3,4,5]:
    print(a)
    print("こんにちは")
```



```
for a in [1,2,3,4,5]:
    print(a)
print("こんにちは")
```


もっとたくさん繰り返す

さて、ここまでは、5回繰り返すために、

```
for a in [1,2,3,4,5]:
```

と記述しましたが、100回繰り返すには、どうすればよいでしょうか？　さすがに、

```
for a in [1,2,3,4,5, …略…, 100]:
```

と並べるわけにはいかないので、Pythonにはこうした目的を専用に行える「**range関数**」という仕組みが用意されています（関数の詳細は、Lesson 4-6　関数を使う➡P.102で説明します）。

書式 **range関数**

```
range( 開始する値 , 終了する値 )
```

上のように記述すると、「終了する値未満」の連続したシーケンスを作成してくれます。

ここで「未満」である点に注意してください。未満は、「より小さい」の意味です。「1, 2, 3, 4, 5」のように5回繰り返したいときは、

```
range(1, 5 + 1)
```

のように、終了は「1を足したもの」を指定する必要があります。

MEMO

もちろん、range(1, 6)と書いてもかまいません。

rangeを使うと、いままで作ってきたプログラムは、

```
for a in range(1,5 + 1):
    print(a)
    print("こんにちは")
```

と書いても同じです。つまり、100回繰り返すのなら、「range(1, 5 + 1)」の部分を「range(1, 100 + 1)」に変更すればよく、以下のように記述できます。

```
for a in range(1,100 + 1):
    print(a)
    print("こんにちは")
```

この記法を使えば、何千回、何万回でも同じ命令を繰り返せます。

「0」から数えてスッキリ書く

さて100回繰り返すとき、「range(1, 100 + 1)」のように最後に「1」を足すのは、少し分かりにくいと感じるはずです。このように分かりにくくなっている理由は、本来、range関数は、「1から数える」のではなくて、「0から数える」ことを目的に考案されたためです。

もし0から数え始めるなら、100回繰り返すという処理は、

```
for a in range(0, 100):
  print(a + 1)
  print("こんにちは")
```

のように、rangeは「0から100」までとすっきりします（この場合、「0」「1」…「99」までの計100個の整数が取り出されます）。

しかもrange関数は、「0から始まる場合」は、それを省略して、

```
for a in range(100):
  print(a + 1)
  print("こんにちは")
```

のように記述できます。こう書けば、よりスッキリします。

つまり、「指定した回数だけ繰り返したい」のであれば、

```
for 変数名 in range( 繰り返す回数 ):
    繰り返したい処理
```

と書けばよいのです。これはPythonプログラムで、よく出てくる定型文です。

文字列を1文字ずつ取り出す

ここまで、[1, 2, 3, 4, 5]やrange(1, 5 + 1)のように、列挙される数値に対するループをしてきましたが、実は、**文字列に対して繰り返す**こともできます。その場合、構成している文字を先頭から1文字ずつ取り出して繰り返します。

たとえば、**example04-03-02.py**のようなプログラムを書くと、「Hello」の文字を1つずつ取り出して、それを変数aに代入しながら処理するため、

```
H
e
l
l
o
```

このように1文字ずつ、画面に表示されます。

List example04-03-02.py

```
1  for a in "Hello":
2      print(a)
```

for構文は値を1つずつ取り出して繰り返し実行できる便利な命令です

Lesson 4-4

条件が成り立っている場合のみ繰り返したい

繰り返し実行してみよう②while構文

前Lessonでは、指定した回数だけ繰り返すための構文として、for構文を紹介しました。しかしときには、指定した回数だけ繰り返すのではなくて、特定の条件が成り立っている間は、ずっと繰り返したいこともあります。そのようなときには、while構文を使います。

while構文なら回数が決まっていない
繰り返し実行ができます

while構文で繰り返す

while構文は、指定した条件が成り立っている間、繰り返し実行する構文です。

たとえば、「1+2+3+…」という計算をしていき、「50を超えたら、そのときの答えを表示したい」というプログラムを考えるとしたら、**exmple04-04-01.py**のように書くことができます。

List example04-04-01.py

```
1 total = 0                    ── totalを0にする。ここに足し算していく
2 a = 1                        ── aは1、2、3…と増やしていく変数として使う
3 while total <= 50:           ── totalが50以下である間、繰り返す
4     total = total + a  ┐
5     a = a + 1          ┘     ── 繰り返すブロックはインデントして記述する
6 print(total)
```

ここでは、総計を計算する変数としてtotalを用意し、はじめは0を設定します。

```
total = 0
```

そして足し算する値、つまり、1、2、…と足していく値は変数aとし、はじめは「1」に設定します。

```
a = 1
```

そして、次に出てくるのが、while構文です。

書式 **while構文**

```
while 条件式：
    条件式が成り立っている場合に実行したい文
```

このように記述することで、条件式が成り立っている間は、ずっと処理が実行されます。条件が成り立っていることを**「真（しん）」**や「**True**」、成り立っていないことを**「偽（ぎ）」**や「**False**」と言います。

example04-04-01.pyでは、以下のように書きました。

```
while total <= 50:
```

この「total <= 50」が条件式です。条件式に使った「<=」は、「以下」という意味です。つまり、total（総計）が50以下であるなら、ずっと繰り返すという意味です。

ここでは「<=」という記号を使いましたが、それ以外にも「<（小さい）」「==（等しい）」「>=（以上）」「>（大きい）」の記号があり、これを**「比較演算子」**と言います（**表4-4-1**）。

なお、等しいかどうかを判別するのは「==」のように「=」を2つ重ねて使うので注意してください。これは変数に代入するときの「=」（こちらは=が1つ）と区別するためです。

MEMO

条件式は「or（または）」「and（かつ）」「not（否定）」を使って、組み合わせることもできます。詳細は、Lesson 4-5　条件分岐する／if構文➡P.95を参照してください。

表4-4-1 比較演算子

演算子	例	意味
<	a < b	aはbより小さい
<=	a <= b	aはb以下
==	a == b	aとbは等しい
>	a > b	aはbより大きい
>=	a >= b	aはb以上
!=	a != b	aとbは等しくない

さて、繰り返しのループでは、

```
total = total + a
```

とあるように、まず、変数totalに変数aを足します。totalはここまで0、そしてaは1です。つまり、この計算結果として、totalの値が「1」となります。さらに次の部分は、

```
a = a + 1
```

とありますが、これはaに1を足して、それをもう一度aに代入するという行為です。言葉にすると難しそうですが、**図4-4-1**のように、単純に「1を加える」という操作をしているに過ぎません。つまり、ここまでで変数aには1が入っているので、それに1を足すことで「2」になります。

図4-4-1 a = a + 1の意味

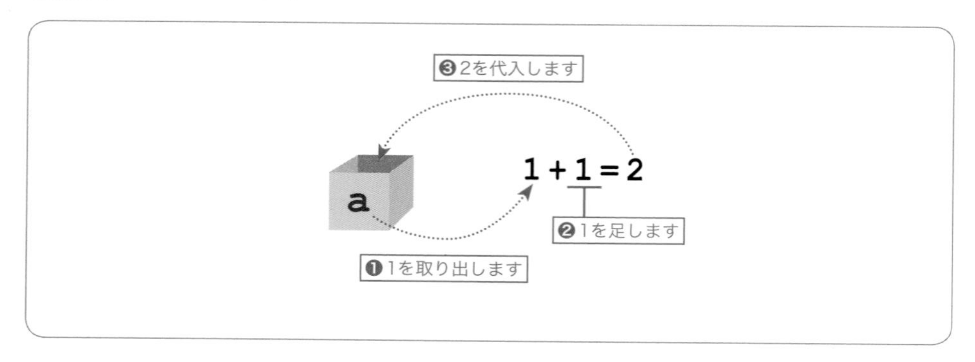

そして、もう一度繰り返し処理を実行します。いまの段階でtotalは「1」なので、「while total <= 50:」で指定した「total <= 50」という条件を満たしています。よって、そのまま次の行がもう一度実行されます。

```
total = total + a
```

このときaには1が加わって「2」が設定されています。つまり、この段では「totalの1にaの2を足す行為」——1 + 2——まで実現できたことになります。そして次の行でも同様に、

```
a = a + 1
```

変数aの値を増やしてループします。つまり——1+1、2+1——が実行されるわけです。これが次々と繰り返されるとtotalが大きくなっていくので、いつかは50を超えます。すると以下の条件が成り立たなくなります。

```
while total <= 50:
```

このとき、インデントされた部分の外に出ます。そして、後続する

```
print(total)
```

が実行されることで、ここまで「1+2…」で計算して、最終的に「50を超えたときの値」を表示できます。

図4-4-2 whileループの仕組み

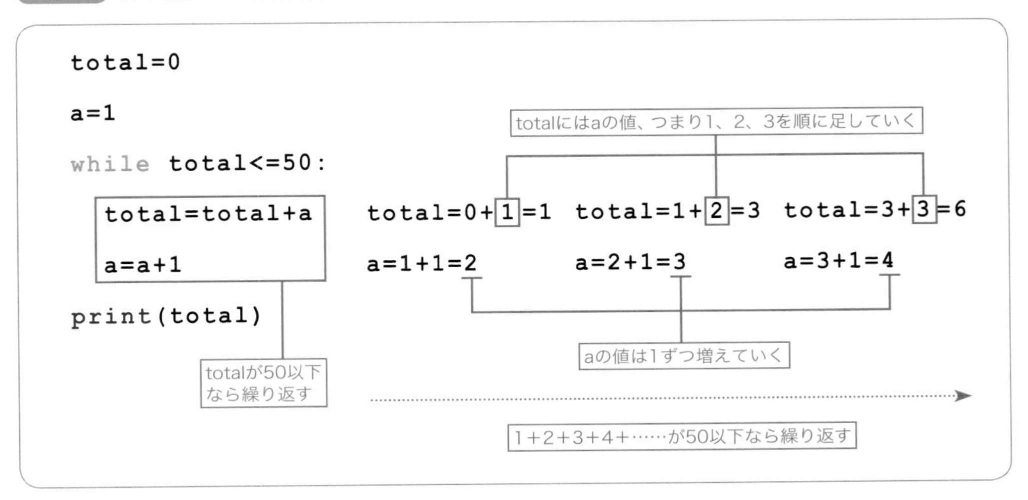

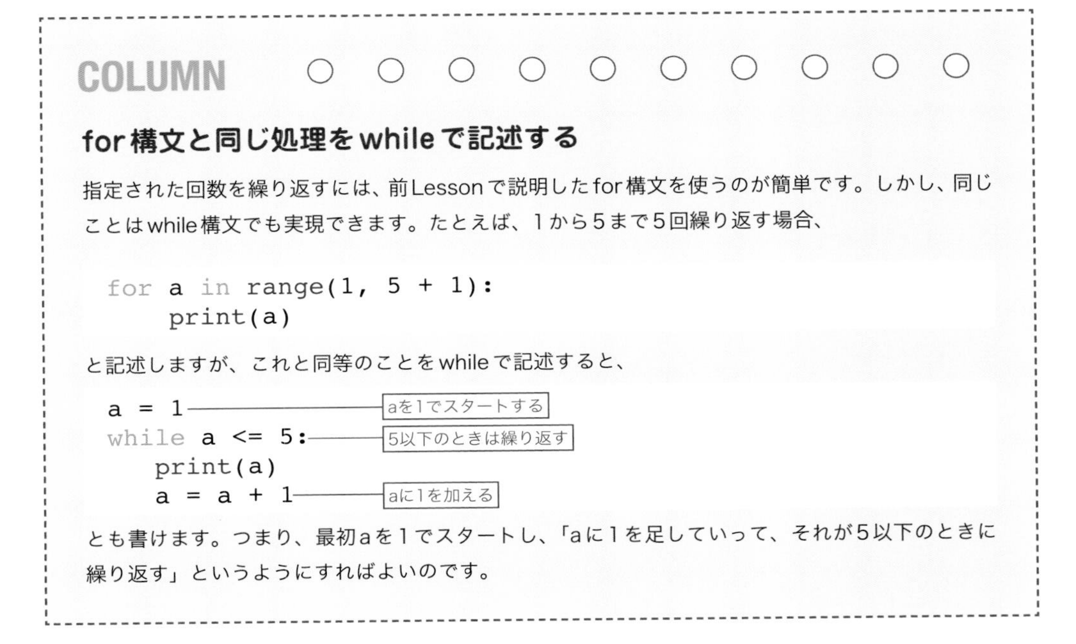

COLUMN

for構文と同じ処理をwhileで記述する

指定された回数を繰り返すには、前Lessonで説明したfor構文を使うのが簡単です。しかし、同じことはwhile構文でも実現できます。たとえば、1から5まで5回繰り返す場合、

```
for a in range(1, 5 + 1):
    print(a)
```

と記述しますが、これと同等のことをwhileで記述すると、

```
a = 1
while a <= 5:
   print(a)
   a = a + 1
```


とも書けます。つまり、最初aを1でスタートし、「aに1を足していって、それが5以下のときに繰り返す」というようにすればよいのです。

永遠に繰り返す特殊な書き方

while構文はその条件が成り立っている間、実行されると説明しました。しかしときには、「永遠に繰り返したい」という場合があります。そのようなときには、以下のように、「True」を条件式として指定して記述します。

書式 **while構文の永久ループ**

```
while True:
    実行したい文
```

「True」は「成り立っている」ということを示す特別な値で、「真（しん）」とも言います。

MEMO

「True」は大文字と小文字を区別するため、「true」と小文字では書かないでください。なお、「成り立っていない」ことを示す特別な値は「False」です（こちらも小文字では書かないでください）。Falseは「偽（ぎ）」とも言います。

whileの条件式にTrueを指定しておくと、いかなるときでも条件が成つことになります。ゆえに、終了する機会がなく、永遠に繰り返します。
「ずっと動きっぱなしになった状態を止めたいとき」は、Ctrl＋Cキー（MacはControl＋Cキー）を押して、処理を強制的に終了してください。

永遠に繰り返す処理は、あまり使い道がないと思われるかも知れませんが、次のLessonで説明するように、実は「条件が成り立ったときに、繰り返し処理をやめる」ことができるため、たとえば「ずっとキー入力を待っていて、キー入力されたときは待つのをやめ、入力されたキーを処理する」とか「ずっとネットワーク通信を待っていて、データが届いたときには、そのデータを処理する」といったように、「何か事が起きるまで待つ」という場面で、しばしば使われます。

COLUMN

繰り返しが終わったときに実行するelse

forやwhileには、繰り返し処理が終わったときに必ず実行されるelseという箇所を記述できます。

```
while 条件式:
  繰り返す文
else:
  繰り返しが終わったときに実行する文
```

```
for 変数名 in シーケンス:
  繰り返す文
else:
  繰り返しが終わったときに実行する文
```

elseは、「全部を実行した後に最後に1回だけ実行したい処理」を書きたいときに使います。

Lesson 4-5

もし～ならば、そうでないならば

条件分岐する／if構文

プログラムで複雑な動作をさせるには、「もし、このようなときには、こうする、そうでなければ、こうする」というような条件分岐が不可欠です。

条件分岐する

Pythonでは、次の書式の**if構文**を記述すると、**条件分岐**できます。

書式 **if構文の条件分岐**

```
if 条件文：
    条件が成り立っているときに実行する文
else:
    条件が成り立っていないときに実行する文
```

条件分岐もfor構文やwhile構文と同様に、**インデントして記述**します。インデントしないとエラーになるので注意してください（例➡P.85参照）。

「条件が成り立っていないときに実行する文」が必要ないときは、else:以降を省略して、

```
if 条件文：
    条件が成り立っているときに実行する文
```

のように記述することもできます。

簡単な具体例を見てみましょう。たとえば、**example04-05-01.py**のようなプログラムを作ると、全体で10回繰り返し、「aが5以下」のときは「小さいです」、そうでなければ「大きいです」と画面に表示します（**図4-5-1**）。

List example04-05-01.py

```
1 for a in range(1, 10+1):
2     if a <= 5:
3       print(" 小さいです ")
4     else:
5       print(" 大きいです ")
```

aが5以下のときに実行される

そうでないときに実行される

図4-5-1 実行結果

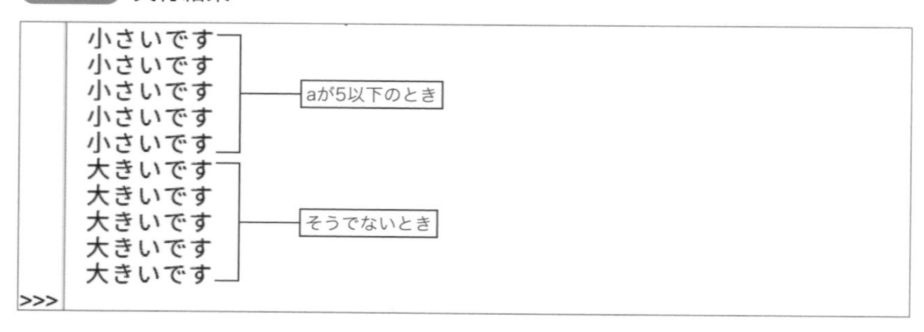

図4-5-2 if構文による条件分岐

```
if a <= 5:
    print(" 小さいです ")
else:
    print(" 大きいです ")
```

a <= 5
が成り立つか

はい

いいえ

print(" 小さいです ")

print(" 大きいです ")

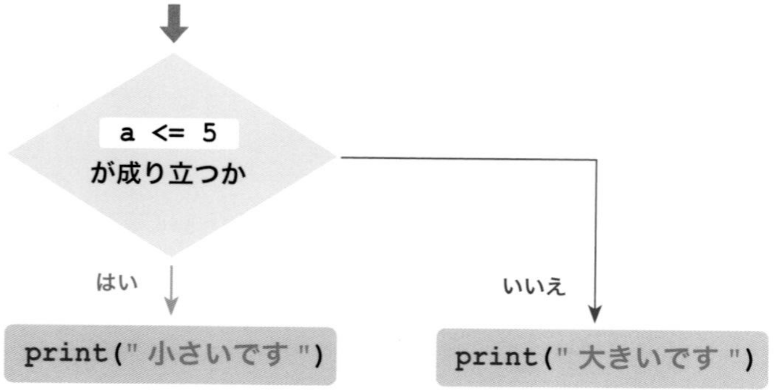

ifは条件によって実行する流れを2つに分ける

条件を組み合わせる

指定できる条件は、1つではなく、組み合わせることもできます。

条件を組み合わせるときは、「**and**」「**or**」、そして「**not**」を使います。こうした組み合わせのための語句を「**論理演算子**」と言います。

表4-5-1 論理演算子

論理演算子	意味	例	例の意味
and	2つの条件の両方が成り立つとき	(a == 1) and (b == 2)	aが1で、かつ、bが2のとき
or	2つの条件のいずれかが成り立つとき	(a == 1) or (b == 2)	aが1、もしくは、bが2のとき
not	条件の否定	not (a == 2)	aが2と等しくないとき (a != 2と書くのと同じ)

COLUMN

「and」を省略する

複数の条件を「かつ」で組み合わせるには「and」でつなげますが、実はPythonでは、andを省略できることがあります。
たとえば、変数aが「1以上、5以下であるか」を調べるには、ふつうは、

```
if (a >= 1) and (a <= 5):
```

のように記述します。しかし、これをPythonでは、

```
if 1 <= a <= 5:
```

のように記述できます。このように3つ記述した場合には、前半と後半に分け、「1 <= a」と「a <= 5」をandでつなげたのと同じように解釈されます。つまり、

```
if (1 <= a) and (a <= 5):
```

と同じです。ただしこの記法はPython独自のもので、他の多数のプログラミング言語では許されないので注意してください。

実際に、条件を組み合わせたプログラムを作ってみましょう。どのようなプログラムでもよいのですが、ここでは1から10まで繰り返して実行し、

- **2の倍数のときは「○」**
- **3の倍数のときは「×」**
- **2の倍数かつ3の倍数のときは「△」**

と表示するプログラムを考えます（意味のあるプログラムではありませんが、分かりやすさを優先して、シンプルなものとしました）。以下のような表示結果になるように作ります。

```
1     何も表示しない
2     ○
3     ×
4     ○
5     何も表示しない
6     ○×△
7     何も表示しない
8     ○
9     ×
10    ○
```

プログラムは、**example04-05-02.py**のように書けます。
実際に実行すると、**図4-5-3**のようになります。

List example04-05-02.py

```
for a in range(1, 10 + 1):
    print(a)
    if a % 2 == 0:
        print("○")
    if a % 3 == 0:
        print("×")
    if (a % 2 == 0) and (a % 3 == 0):
        print("△")
```

2の倍数のとき
3の倍数のとき
2の倍数かつ3の倍数のとき

図4-5-3 example04-05-02.pyの実行結果

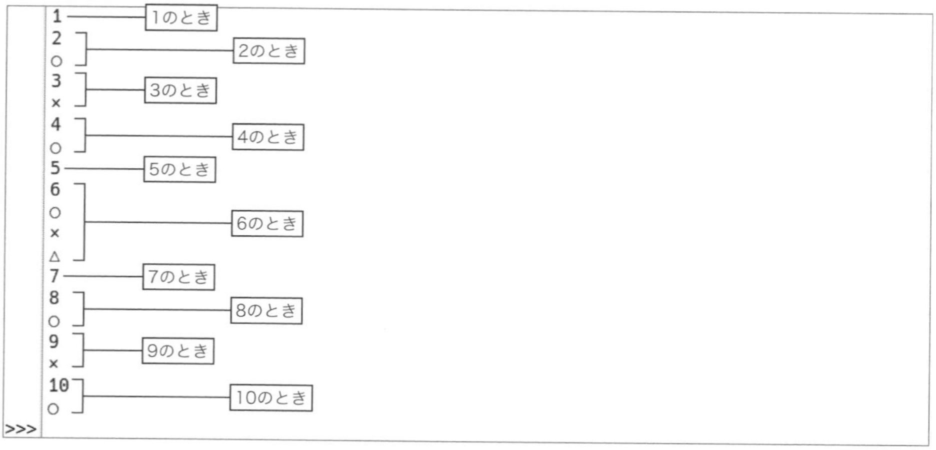

```
1
2
○
3
×
4
○
5
6
○
×
△
7
8
○
9
×
10
○
>>>
```

1のとき
2のとき
3のとき
4のとき
5のとき
6のとき
7のとき
8のとき
9のとき
10のとき

「倍数のときは」という条件は少し難しそうですが、以下のように記述しています。

```
if a % 2 == 0:
```

「%」は余りを計算する演算子です（Lesson 2-4の表2-4-1➡P.34を参照）。「余りが0」なら、「その数の倍数である」とみなしているわけです。

Pythonには、「倍数かどうか」を調べる命令は存在しません。しかし、それと同じ意味になるように「割ったときに、余りが0かどうか」と考え、Pythonでできる書き方に変更することで、プログラミングができるようになります。

プログラミングするときには、**「プログラムとして表現できる、同じ意味での考え方の置き換え」**は日常茶飯事で、いわば、「頭をちょっとひねる」ことが必要になってきます。

「2の倍数」かつ「3の倍数」の場合は、andを使って、以下のように表現しました。

```
if (a % 2 == 0) and (a % 3 == 0):
```

elifを使って「ではないときの条件」を並べる

ときには、「ではない」ときに、別の条件を指定したいことがあります。たとえば、

❶ 12の倍数のときは「○」と表示する

❷ ❶でなく4の倍数のときは「△」と表示する

❸ ❶でも❷でもなく2の倍数のときは「×」と表示する

❹ 上記のどれでもないときは「☆」と表示する

という場合を考えます。この処理は、次のように記述できます。

```
if (a % 12 == 0):
  # ① 12 の倍数のとき
  print(" ○ ")
else:
  # ② 12 の倍数ではないとき
  if (a % 4 == 0):
    # ② 4 の倍数のとき
    print(" △ ")
  else:
    if (a % 2 == 0):
      # ③ 2 の倍数のとき
      print("×")
    else:
      # ④どれでもないとき
      print(" ☆ ")
```

ここが実行されるのは「12の倍数ではない」かつ「4の倍数」のとき（print(" △ ")）

ここが実行されるのは「12の倍数ではない」かつ「4の倍数」ではなく「2の倍数」のとき（print("×")）

このプログラムは、ifとelseがとても多く、ひとめ見ただけでは、どのような処理をしているか分かりません。

実はPythonでは、「else」と「if」を合体した「**elif**」というキーワードがあり、これを使うと、分かりやすく短く書けます。

```
if (a % 12 == 0):
  # ①12の倍数のとき
  print("○")
elif (a % 4 == 0):
  # ②4の倍数のとき
  print("△")
elif (a % 2 == 0):
  # ③2の倍数のとき
  print("×")
else:
  # ④どれでもないとき
  print("☆")
```

elifは、「そうでないときは」を列挙したいときに、よく使われる表記方法です。使わなくてもかまいませんが、使うことで行数を減らせ、スッキリと書けます。

条件が成り立ったときに繰り返しをやめる

if文を使った条件判定は、forやwhileなどの繰り返し構文と組み合わせることも、よくあります。つまり、「何度か繰り返すのだけれども、特定の条件が成り立ったときには、繰り返しをやめたい」というパターンです。

for構文やwhile構文では、構文の内部で**「break」**という特別な命令を実行すると、その時点で繰り返しをやめ、繰り返しの次の行に移動します。

たとえば、Lesson 4-4　繰り返し実行してみよう②while構文➡P.90では、「1+2+3+…」という計算をしていき、50を超えたらそのときの答えを表示するプログラムを作りました。

```
total = 0
a = 1
while total <= 50:        50以下のときに繰り返す
    total = total + a
    a = a + 1
print(total)
```

このプログラムでは、breakを使って、次のように記述することもできます。

```
total = 0
a = 1
while True:        永遠に繰り返す
    total = total + a
    a = a + 1
    if total > 50:
      break        50を超えたら繰り返しをやめる
print(total)
```

ここでは「while True」と記述して、永遠に繰り返すようにしました。そのなかで、変数

aの値を1、2、…と増やしながら、変数totalに加えていきます。そして、

```
if total > 50:
    break
```

の条件によって、total変数の内容が50を超えたときは、breakを実行します。この結果、whileのループから抜け出し、「print(total)」が実行されて、プログラムが終了するという流れを作れます。

図4-5-4 breakを使ったときの処理の流れ

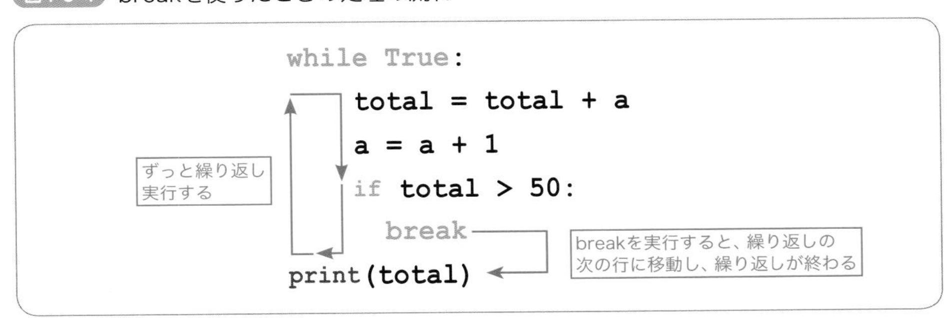

breakを使って処理を終了する例は、のちに説明する本書のサンプルコードでも、いくつか登場します。代表的な例を挙げれば、ユーザーに何か文字入力してもらうときに、特定の文字の並び（たとえば「数字だけ」といった制約）でないときは、ずっと「正しい文字の並びで入力されるまで繰り返し入力させる」というような場合です。

COLUMN

何もしないことを示すpass

if文では、ときどき「条件が成り立ったときに、何も実行すべきものがない」ことがあります。そのようなときに、「条件が成り立ったときに実行したい文」を省略して、

```
if 条件式:
else:
    条件が成り立たなかったとき
```

と記述すると、文法エラーとなります。このような場合に備え、Pythonには「何もしない文」が用意されています。それが「pass」です。以下のように記述すれば、エラーにはなりません。

書式 pass

```
if 条件式:
    pass ――何もしない文
else:
    条件が成り立たなかったとき
```

Lesson 4-6

処理をひとまとめにしてワンタッチで実行

関数を使う

関数は、いくつかの処理をひとまとめにして、ワンタッチで実行できるようにするためのものです。一連の処理を何度も実行するときには、処理を関数にまとめておくことで、そのつど記述しなくてもよくなります。

関数は自分でも作れる

このLessonは「関数を使う」ですが、実はすでに私たちは関数を使ってきています。たとえば、Lesson 3-5　文字列を連結してみよう➡P.57では、数値を文字列に変換するのに「str関数」を使ってきました。

関数は、Pythonで用意されているもの以外に、実は自分で作ることもできます。関数とは、「**何か値を受け取って、その値を加工して、内部で処理をして、結果を返すもの**」です。その処理の流れを意識して、実際に作ってみましょう。

ここでは、2つの数値「a」と「b」を渡すと、「aからbまで足し算した結果を戻す」という関数を考えます。たとえば「1」と「5」を渡した場合には、内部で「1＋2＋3＋4＋5」の計算をし、最後に「15」という結果が得られる関数です（**図4-6-1**）。

図4-6-1 作成する関数の例

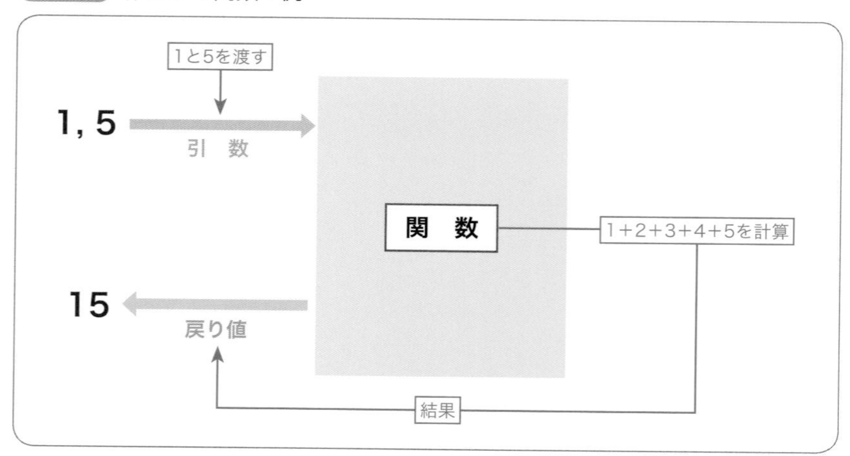

関数を定義するには

関数を自分で作り、記述することを、**関数を「定義する」**と表現します。Pythonでは、**def**という構文を使って定義します。

MEMO

defは「define（定義する）」の略語です。

関数を定義するときは、何か適当な**関数名**が必要です。何でもよいのですが、ここでは、「tashizan」という関数名にしましょう。その場合、次のように定義できます。

```
def tashizan(a, b):
    この関数のなかで実行したい処理
```

定義方法の書式をまとめると次のようになります。

書式 **関数の定義**

```
def 関数名 ( 渡したい値をカンマで区切ったもの ):
    実行したい文が続く
```

「実行したい文」は、forやwhile、ifなどの構文と同様に、インデントして書きます。また、「渡したい値をカンマで区切ったもの」は、関数で処理したい値のことで、これを**「引数（ひきすう）」**と言います。

MEMO

引数は、必要なだけカンマで区切って列挙できます。引数が必要ないときは、「def 関数名():」のように、括弧のなかに何も書かずに定義します。

それでは、「実行したい文」の部分には、何を書けばよいのでしょうか？

ここで作りたいのは、「受け取ったaからbまでの合計を求める関数」です。そのためには、すでに説明したfor構文を使えばよく、次のように記述できます。

```
def tashizan(a, b):
    total = 0
    for i in range(a, b + 1):     ← aからbまで繰り返す
        total = total + i
    return total                  ← 結果を返す
```

ここでは、変数totalに計算結果を代入しています。関数の結果となる値を設定するには、

```
return total
```

のように、「**return**」という構文を使います。

Lesson 4-6 関数を使う

returnを使って結果となる値を設定することを**「値を返す」**（返す＝returnの和訳）」や**「値を戻す」**（戻す＝returnの和訳）」などと表現し、この値のことを**「戻り値」**と言います。

MEMO

結果を返す必要がないときは、戻り値を返さないこともできます。返さないときは「return」とだけ記述するか、returnの行自体を省略します。

COLUMN

引数と変数との関係

引数の実体は「変数」であり、実行されるときに、実行した側から、あらかじめ何らかの値が設定されてくるという点だけが違います。先述の例では、

```
def tashizan(a, b):
```

というように、引数の名前を「a」と「b」にしましたが、どのような名前でもかまいません。仮に、

```
def tashizan(x, y):
```

のように、「x」と「y」で受け取ることもできます。そうした場合、プログラムのほうも、

```
for i in range(x, y + 1):
    total = total + i
```

というように、「x」と「y」に変更します。

関数を利用する

定義した関数は、たとえば次のように使います。

```
c = tashizan(1, 5)
```

このように記述して、**関数を実行することを「関数を呼び出す（コールする）」**と言います。関数を呼び出すことで、変数cには「1から5まで足し算した結果」が格納されます。

ここまで説明したコードの全体を**example04-06-01.py**にまとめます。

結局のところ、「tashizan(1, 5)」と書いたときには、tashizan関数が実行されますが、このとき、関数定義では「def tashizan(a, b):」と書いているので、「aには1」「bには5」が設定された状態で実行されます。その上で、以下の部分が実行されます。

```
total = 0
for i in range(a, b + 1):
    total = total + i
```

このときaは1、bは5ですから、これは、

```
for i in range(1, 5 + 1):
```
aの値　bの値

と同じです。つまり、1から5まで繰り返し実行されるため、total変数は、「1 + 2 + 3 + 4 + 5」の結果である「15」になります。最後に、

```
return total
```

として、これを戻り値として設定しているので、その結果が、変数cに設定されるという具合です。この流れを図示すると、**図4-6-2**のようになります。

List example04-06-01.py

```
1  def tashizan(a, b):
2      total = 0
3      for i in range(a, b + 1):
4          total = total + i
5      return total
6
7  c = tashizan(1, 5)
8  print(c)
```
tashizan関数の定義
tashizan関数を実行する

図4-6-2 関数を実行するときの処理の流れ

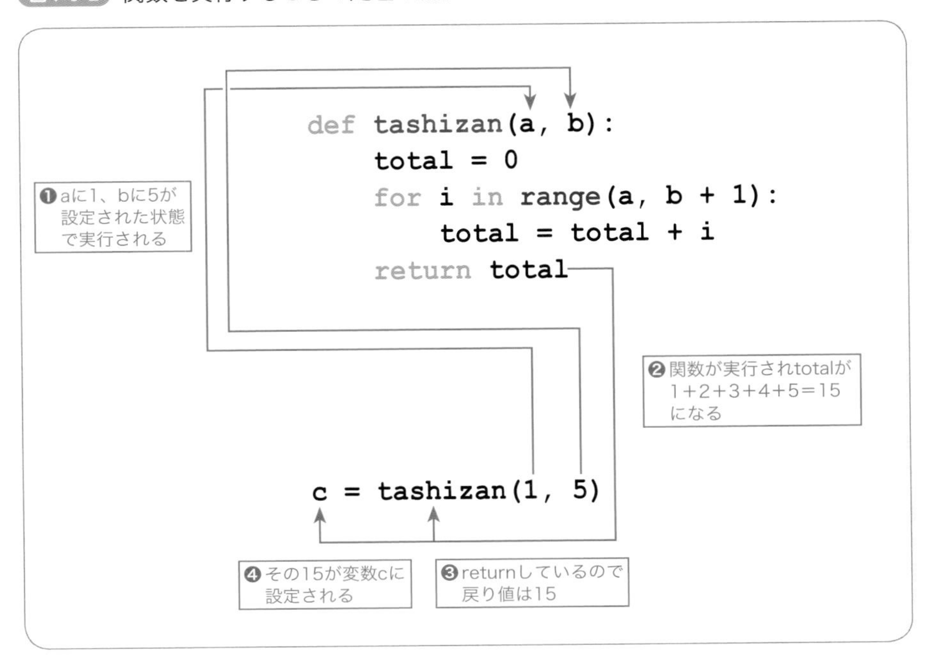

スコープを理解する

関数を使うときには、大きな注意点が1つあります。それは、**関数内の変数と関数外の変数とで、保存場所が違う**という点です。

少し分かりにくいので、簡単なサンプルを作って、その挙動から説明します。

example04-06-02.pyを見てください。

List example04-06-02.py

```
1  a = "abc"―――❶
2
3  def test():
4      print(a)―――❸
5      return
6
7  test()―――❷
8  print(a)―――❹
```

ここでは、「test」という名前の関数を作りました。話を簡単にするため、引数は何も渡さないようにしています。つまり、括弧のなかは、「def test():」のように空欄で定義しています。また、戻り値も「return」とだけ書いて、「なし」にしてあります。

戻り値がない関数を実行するときは、結果を変数などに代入する必要がないので、これまでのように、「変数名 = 関数()」のように、「=」や「左辺に変数」を置かず、「test()」のように記述します（❷の部分）。

さて、このプログラムではまず、❶のように「a = "abc"」と記述して、変数aに「"abc"」を代入しています。

そして❷の「test()」によって、test関数を実行します。

test関数のなかでは、❸にあるように、「print(a)」によって、aの値を表示しています。

このとき、変数aの値は「"abc"」ですから、画面には「abc」と表示されます。

そして関数の処理が終われば❹に戻ってきます。ここでも、「print(a)」を実行しているので、「abc」と表示されます。

つまり、このプログラムは、変数aの値である「"abc"」を2回表示します。ここまでの処理は、とくに問題ないと思います。**図4-6-3**で確認しましょう。

このようにして宣言しておくと、実行する際には、「tashizan(1, 5)」のように、必ず2つの引数を指定しなければならず、どちらか一方でも欠けるとエラーになります。つまり、「tashizan(1)」とか「tashizan(,5)」のような書き方はエラーになります。

しかし、このようなエラーを出さずに、一部の引数を省略する方法があります。それは、**「デフォルト引数」**という特殊な表記法を使うことです。

デフォルト引数は、関数定義において引数を宣言するときに、「引数名 = 省略されたときの値」と記述することで作れます。たとえば、

```
def tashizan(a, b = 100):
```

のように定義しておくとします。この場合、2つめの引数を省略して、

```
tashizan(1)
```

のように記述して実行できます。省略したときは、定義のときの値――つまり、この場合は「b=100」と記述しているので「100」が指定されたものとみなされます。

つまり、bの部分に「100」を指定したtashizan（1, 100）と記述したのと同義になります。

❷ 項目名を付けて指定する

もう1つは、引数に「項目名を付けて指定する」というやり方です。

そのための関数を定義する方法は少し複雑なので、本書では触れませんが、たとえば、**Chapter 7**ではウィンドウに関する関数を使って「円を描画する」というプログラムを作ります。その関数の基本形は、

```
create_oval(X座標①, Y座標①, X座標②, Y座標②)
```

というように、「2点の座標を指定すると、それに内接する円（または楕円）が、黒色で描かれる」というのが基本動作です。しかし、この関数は、実は、

```
create_oval(X座標①, Y座標①, X座標②, Y座標②, fill="red")
```

のように「fill="red"」を指定することで、「塗りの色を赤くする」とか

```
create_oval(X座標①, Y座標①, X座標②, Y座標②, fill="red",
width=2)
```

のように「width=2」を指定することで、「線の幅を2にする」（標準は1なので、少し太くするの意味）といったように、オプションの値を指定できるようになっています。

こうした、「項目名＝値」という書き方は、関数に対して「追加の情報を渡したいとき」に、よく使われます。

Lesson 4-7

Pythonに新しい機能を追加するには

機能を拡張するモジュール

Pythonの機能を拡張するのが、「モジュール」です。モジュールを読み込むことで、Pythonに新しい機能を追加できます。

モジュールではどんなことができるんですか

ウィンドウを表示したりPDFを作成したりと、さまざまな機能を簡単に利用できますよ

モジュールとは

Pythonは「基本機能はシンプルに、応用的な機能は**モジュール**に持たせる」という設計思想を取っています。モジュールとは、簡単に言うと、**機能がたくさん詰まった、「関数集」みたいなもの**です。

モジュールは、Pythonに付属しているものもありますし、他の作者が作っていて、それをダウンロードして、別途インストールしないと使えないものもあります。

どちらの場合も、利用するには「モジュールを読み込む」という操作が必要です。モジュールを読み込む操作は、「**インポート（import）**する」と言います。

図4-7-1 モジュールはインポートして使う

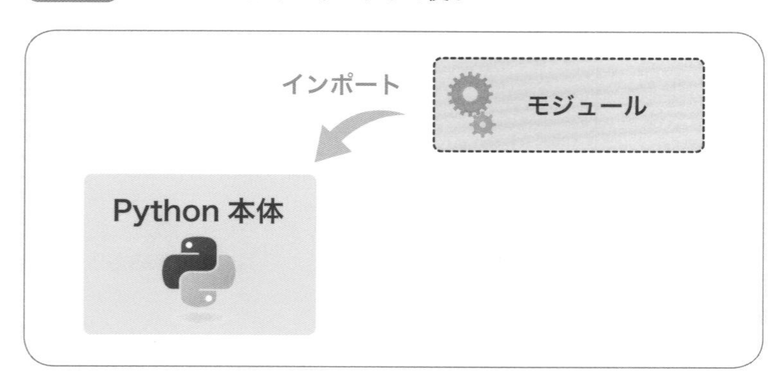

モジュールをインポートする

モジュールをインポートするには、「**import**」という構文を利用します。

書式 **importでモジュールを読み込む**

```
import モジュール名
```

例を見てみましょう。すでに**Chapter 2**では、カレンダーモジュールを使ってカレンダーを表示しました（➡P.38参照）。そのときは、

```
import calendar
print(calendar.month(2023,4))
```

と記述して、カレンダーのモジュールをインポートしてから、2023年4月のカレンダーを表示しました。

```
>>> import calendar
>>> print(calendar.month(2023,4))
         April 2023
    Mo Tu We Th Fr Sa Su
                    1  2
     3  4  5  6  7  8  9
    10 11 12 13 14 15 16
    17 18 19 20 21 22 23
    24 25 26 27 28 29 30
```

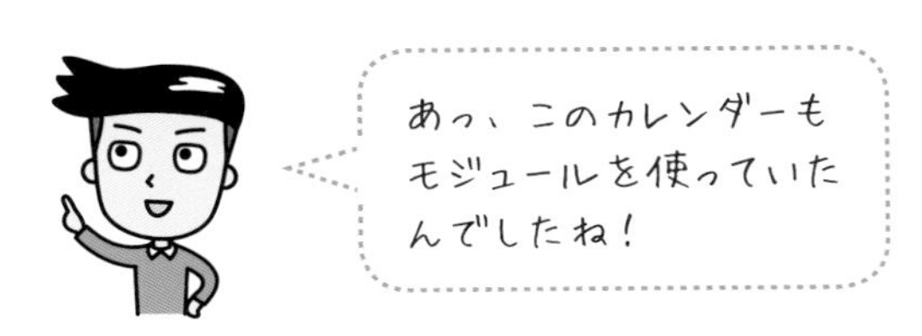

このようにモジュールは、importで読み込むことができます。また、一度読み込んだら「calendar.～」とモジュール名にドットを付けた形で記述し、「～」以下に関数などをつなげて書くことで実行できます。

モジュールを読み込むには、他にも、次の代表的な2つの方法があります。

❶ asで別名を指定する

asを指定すると、プログラムでは、好きな別名で記述できるようになります。上記の例にあるように、「import calendar」として読み込んだときは、「calendar.関数名」のように、モジュール名と命令をドットでつなげて記述して実行しますが、同じ命令をasを使って書くこともできます。

書式 **asでモジュールを読み込む**

```
import calendar as c
```

「as c」と記述すると、これを「c」という名前で参照できます。すなわち、以下のように書くことができます。

```
print(c.month(2023,4))
```

モジュール名が長いときに便利なテクニックです（cは任意名で好きな名前にできます）。

❷ fromでモジュール名を書かずに済むようにする

もう1つは、fromを使って記述する方法です。

書式 fromでモジュールを読み込む

```
from モジュール名 import 利用したい関数名
```

たとえば、以下のコードなら1行目で「month」という関数を取り込むため、2行目で「モジュール名.〜」という表記そのものを省略して利用できます。

```
from calendar import month
print(month(2023,4))
```

図4-7-2 インポートのやり方

モジュールを使っていろんなことをしよう

Pythonで提供されているモジュールには、多種多様なものがあります。本書では、以降、「ウィンドウ表示する」や「画像に何が写っているかを検出する」というプログラム例を示しますが、こうしたプログラムは、モジュールなしには実現できないものです。

逆に、「目的の操作をしてくれるモジュール」さえ見つかれば、とても短いプログラムを書くだけで、その目的を達成できます。

世のなかには、たとえば「Excelのワークシートを操作するモジュール」や「画像のサムネイルなどを作るモジュール」など、便利なモジュールがたくさんあります。

インターネットで、「Python モジュール 便利」などをキーワードに検索すると、いくつか見つかるはずです。

本書を読み終えて、Pythonプログラミングに慣れたら、ぜひ好きなモジュールを使って、プログラミングしてみてください。

Chapter 5

数当てゲームを作ってみよう

ここまではPythonプログラミングの基本的な知識と文法を学んできました。Chapter 5では「ヒット＆ブロー」という数当てゲームを作りながら、これまで学習した内容をより具体的な形で実践していきます。

Lesson 5-1

基礎さえ押さえれば、ゲームだって作れます

数当てゲームを作ろう

Chapter 5では、「ヒット&ブロー」や「マスターマインド」と呼ばれるゲームをPythonで作っていきます。ここでは、ゲームのルールを確認します。その後、Pythonでこのゲームを作る場合の概要を説明します。

「ヒット&ブロー」ってはじめて聞きました

これまで学んだPythonの基本文法を復習&応用するにはぴったりのゲームです

ゲームと聞いたら、やる気が出てきました〜

ヒット&ブローとは

ヒット&ブローは、4桁の数字を当てる数当てゲームです(**図5-1-1**)。2人のプレーヤーが「親(出題者)」と「子(回答者)」に分かれてプレイします。

ヒット&ブローのルール

❶ 親は「0」〜「9」の数字を使って、4桁の数字を考えます。その際、同じ数字を2個以上使っても構いません。

❷ 子は、その数字を予想して親に提示します。

❸ 親は❷で提示された数字を判定し、ヒットとブローの数を子に提示します。

・「数字と位置が正しい場合=ヒット」

・「数字は同じだが位置が異なる場合=ブロー」

❹ ❷〜❸を繰り返し、子はヒットとブローの結果を参考にして、親が考えた4桁の数字を当てます。

子が予想した数字に対して「ヒット4」が出れば、当たったことになります。

❷〜❸の繰り返しが少ない回数で当てることを目指します。

MEMO

ヒット＆ブローには、重複した数を使って良いルールと使ってはいけないルールの２種類があります。本書では、重複して良いルールとして説明します。

図5-1-1 ヒット&ブローのゲームの流れ

親が考えた数（子からは見えない）	4 9 4 5

ターン	子が考えた数	ヒット	ブロー
子 1回目 まずは当てずっぽうに	1 2 3 4 →	0 4 9 4 5 1 2 3 4	1
子 2回目 ブローが１つだから、この中に当たりが１つあるはず。 順序を入れ換えてみる	1 2 4 3 → 入れ換えてみた	1 4 9 4 5 1 2 4 3	0
子 3回目 ヒットが１になったので 「4」か「3」は当たりのはず。 「3」を「5」に変えてみる	1 2 4 5 → 変えてみた	2 4 9 4 5 1 2 4 5	0
子 4回目 ヒットが２つになった。 「4」「5」は確定らしい	1 2 4 5 → 次はここを変えてみよう	?	?

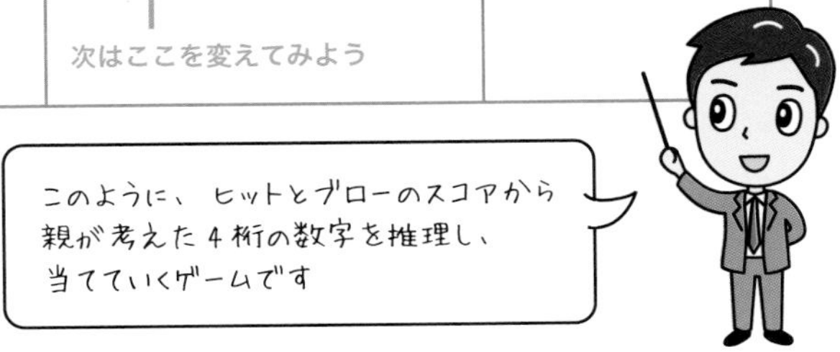

このように、ヒットとブローのスコアから
親が考えた４桁の数字を推理し、
当てていくゲームです

ヒット＆ブローをPythonで作るには

では、Pythonで「ヒット＆ブロー」を作るにはどのようにすればよいでしょうか。おおむね、**図5-1-2**のような流れになります。

Pythonで「ヒット＆ブロー」を作る場合、コンピュータ側が親（出題者）、ユーザー側が子（回答者）とします。

まず、4桁のランダムな数字をPython側で作ります。次に、ユーザーにその4桁の数字を予想して入力してもらいます。Python側は、入力した数字を判定してヒットとブローの数を表示します。ヒットが4でなければ当たりではないので、もう一度ユーザーに4桁の数字を入力してもらいます。当たりになるまで、この工程を繰り返します。

最初の工程として、Pythonで4桁のランダムな数字を作りますが、そのためにはどのようにプログラムすればよいのでしょうか。次のレッスンから具体的に説明していきます。

図5-1-2 ヒット＆ブローをPythonで作る流れ

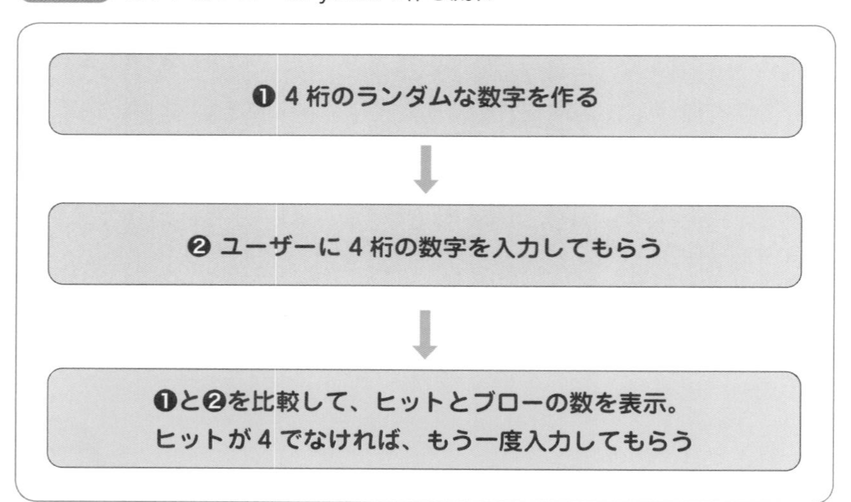

ゲームを作るのは難しいかなと思ったけど、こうしてみると作業工程はとてもシンプルね

あとは、個々の工程をどうやってプログラミングするかだね。よーし、がんばろう！

Lesson
5-2

簡単なところから一歩一歩確実に

まずは1桁の数字で試してみよう

さっそく4桁のランダムな数字を作りたいところですが、いきなり4桁からだと難しいので、焦らずにまずは1桁から試していきましょう。1桁のランダムな数字をコンピュータが考え、それを当てるという形を考えます。

数が当たったかどうかは、Lesson4-5で学んだif構文で判定します

ランダムな値を生成するrandomモジュール

ランダムな値を生成するには、**randomモジュール**を使います。モジュールの使い方は、Lesson 4-7　機能を拡張するモジュール➡P.112で説明したように、「import モジュール名」という書式で記述します。ここではrandomモジュールを使うので、最初に「import random」と記述します。IDLEでファイルを新規作成し、記述しましょう。

MEMO

ランダムな値のことは乱数（らんすう）とも言います。

```
import random
```

randomモジュールをインポートすると、「random.関数名」で、ランダムな値に関する、さまざまな機能が使えるようになります。

表5-2-1に示した命令のうち、「**randint**（らんどいんと）」という関数を使うと、特定の範囲の整数のランダムな値を取得できます。たとえば、「random. randint(0, 9)」と書けば、0から9までのランダムな値を取得できます。

実際、次のようなプログラムを実行すると、変数aには、0から9までのランダムな値が格納されます。

```
a = random.randint(0, 9)
```

表5-2-1 randomモジュールの主な関数（抜粋）

関数	意味
random.seed(a, version)	ランダムな値の基となる値を設定する。ふだんは使う必要がないが、何度実行しても、同じ順でランダムな値が出るようにしたり、逆に、予想が付かないような、よりランダムな値を作りたいときなどに使う
random.randint(a, b)	a以上b以下のランダムな整数を返す
random.choice(seq)	seqのなかからランダムに1つ取り出す
random.shuffle(x)	xをランダムな順に並べ替える
random.random()	0.0以上〜1.0未満のランダムな小数値を返す

ランダムな1桁の数を表示する

実際にやってみましょう。ここでは次のようなプログラムを考えます。これをPythonのIDLEに入力して実行すると、そのたびに違う値が表示されるのが分かります（**図5-2-1**）。

MEMO

何回か実行するときは、IDLEエディタ上で、F5キーを押すのが簡単です。

List example05-02-01.py

```
1  import random ――randomモジュールをインポート
2
3  a = random.randint(0, 9) ――0から9までのランダムな値を作る
4  print(a)
```

図5-2-1 実行結果

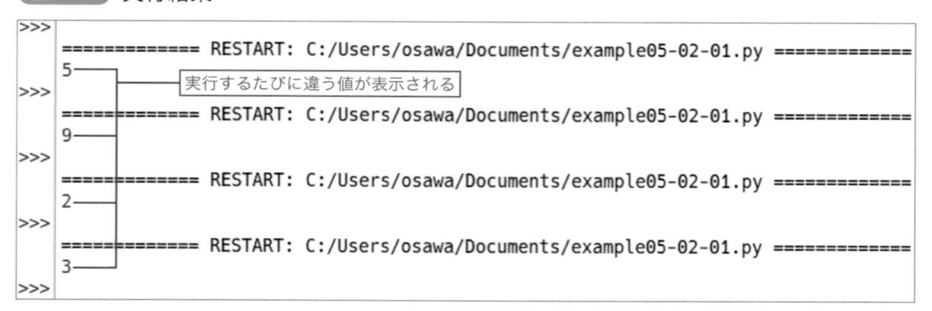

文字入力する

次に、文字入力できるようにしてみましょう。文字入力するにはいくつかの方法がありますが、「**input**」という関数を使うのが簡単です。

input関数は、例えば、次のように使います。

```
b = input("数を入れてね>")
```

括弧のなかは、ユーザーに表示したいメッセージです。この例だと、画面には「数を入れてね>」と表示され、文字入力待ちの状態になります。そしてユーザーが文字を入力すると、その結果がinput関数から返され、上記の例なら変数bに格納されます。

つまり、「数を入れてね>」と表示された文字入力の画面で、仮に「5」と入力すれば、変数「b」の値が「5」になるということです。

実際にIDLEでファイルを新規作成して、記述してみましょう。次のようなプログラムを記述し実行すると、画面には「数を入れてね>」と表示されるので、そこに例えば「5」と入力します。それを「print」で表示しているので、画面には「5」と表示されます（**図5-2-2**）。

List example05-02-02.py

```
1  b = input("数を入れてね>")   ユーザーから文字を入力してもらう
2  print(b)                    入力された文字を表示
```

図5-2-2 実行結果

```
============= RESTART: C:/Users/osawa/Documents/example05-02-02.py =============
 数を入れてね>5  ← 5と入力すると
5 ←              5と表示される
>>>
```

当たりかどうかを判定する

ランダムに1桁の数字を作るプログラム**example05-02-01.py**と、文字入力をするプログラム**example05-02-02.py**を組み合わせれば、親がランダムに1桁の数字を作り、子が予想し、それが当たりかどうかを判定するという簡単なゲームができます。

すでに、最初のプログラムで変数「a」にランダムな値が入っており、次のプログラムでは変数「b」にユーザーが入力した値が入っています。if構文（➡P.95参照）を使えば「a」と「b」の値が等しいかどうかを調べ、当たりか外れかの判定ができます。

そこで次のように「a」と「b」が等しければ「print("当たり")」と出力、等しくなければ「print("はずれ")」と出力するようにプログラムを作ります（**図5-2-3**）。

このようにすれば、1桁のランダムな数字を当てる簡単なゲームができるはずです。

```
if a == b:
    print("当たり")
else:
    print("はずれ")
```

図5-2-3 変数aと変数bが合致するかを確かめる

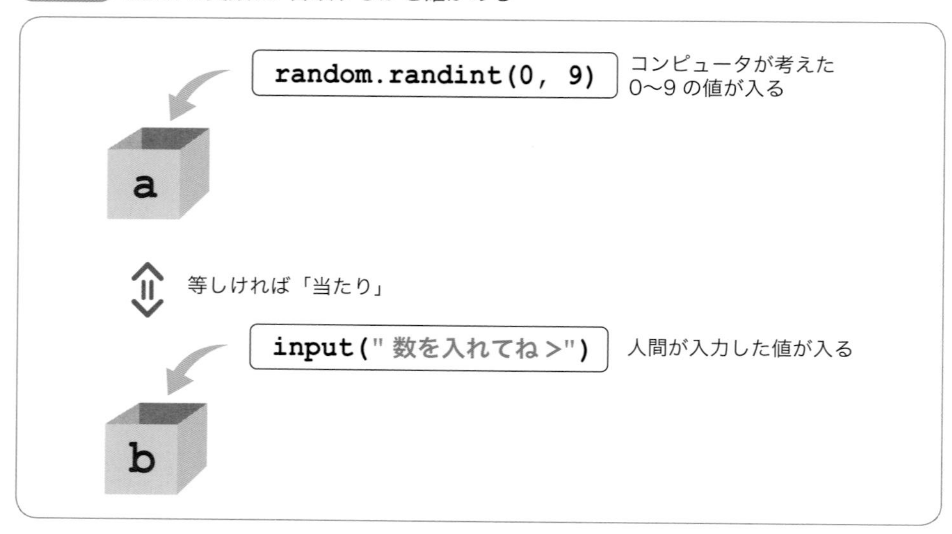

1つずつ実際に試してみましょう。**example05-02-01.py**と**example05-02-02.py**を組み合わせて、上記のプログラムを追記して、次に示す**example05-02-03.py**のようなプログラムを作ります。

ここで「if」と「else」の次の行は、きちんとインデント（字下げ）をしてないとうまく動かないので、入力するときは気を付けてください。

List example05-02-03.py（実際には当たっても「当たり」と表示されない→後述）

```
1  import random
2
3  a = random.randint(0, 9)        コンピュータが考えたランダムな値
4  print(a)                        テストのための答えを見せている
5
6  b = input(" 数を入れてね >")    人間が入力した値
7  if a == b:                      等しいかを判定（実は間違い→後述）
8      print(" 当たり ")           等しければ当たり
9  else:
10     print(" はずれ ")
```

数値に変換しないとうまくいかない

example05-02-03.pyでは、動作テストのため、わざとコンピュータの考えた値を画面に表示しています（4行目のprint(a)）。たとえばランダムな値が「8」であるときは、

```
8
数を入れてね>
```

のように画面に表示されます。ここで「8」と入力すれば、「当たり」、そうでなければ「はずれ」です。

実際に実行した例が、**図5-2-4**です。

ここでは、1回目で「8」と先に答えが表示されたので、たとえば、わざとはずれとなる「5」を入力してみました。すると、もちろん「はずれ」と表示されます。

次にもう一度、実行しました。今度は「6」と先に答えが表示されたので、当たりの値「6」を入力してみました。すると、「当たり」と表示されるはずですが、予想に反して、「はずれ」と表示されてしまいます。

図5-2-4 当たっても当たりにならない

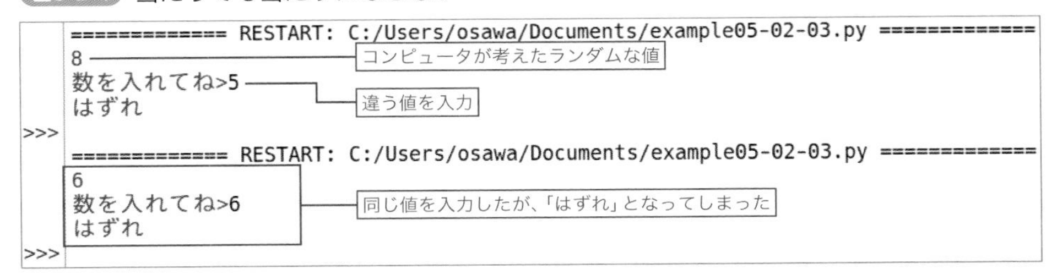

正しく表示されない理由は、「数値」と「文字列」を比較しているからです。**「random.randint(0, 9)」で作ったランダムな値は、0から9の「数値」です。それに対して、「input」で入力したものは、「文字列」として認識されます。**Pythonの場合、「==」で「数値」と「文字列」を比較しても、等しいと判定されません。

では、これをどのように解決したら良いでしょうか。それは、**「文字列」で入力したものをいったん「数値」に変換**すれば良いのです。整数に変換する場合には「**int**」という関数を使います。つまり、先ほどのプログラムを次のように修正します。

書式 int関数の使用例

```
b = int(input("数を入れてね>"))
```

このように「int」を使ったものにプログラムを修正すると、きちんと判定されることが分かります（**図5-2-5**）。

Pythonでは、「数値」と「文字列」を比較すると、私たちの目には等しく見えても、それが等しいものと認識されません。ですから、「数値」を扱っているのか、「文字列」を扱っているのかには十分に注意しなければなりません。

List example05-02-03.py（正しく修正したもの）

```
1  import random
2
3  a = random.randint(0, 9)
4  print(a)
5
6  b = int(input("数を入れてね>"))  ── 修正か所
7  if a == b:
8      print("当たり")
9  else:
10     print("はずれ")
```

図5-2-5 正しく「当たり」になった

```
============= RESTART: C:/Users/osawa/Documents/example05-02-03.py =============
9
数を入れてね>9
当たり
>>>
```

数値と文字列、うーん……
見た目は一緒なのに、Pythonでは処理の
仕方が違うんだね

意外と見落とすところなので、
Pythonでプログラミングするときには、
常に意識しておかなきゃ！

Lesson
5-3

リストを使って管理するとうまくいきます

4桁のランダムな値を作る

1桁の数当てゲームができたところで、いよいよ4桁の「ヒット＆ブロー」を作っていきましょう。1桁のときと同様に、まずは4桁のランダムな値を作るところから始めます。

1桁でも4桁でも、プログラムの作り方の基本的な部分は共通しています

4桁のランダムな値を作るには

4桁のランダムな値を作るには、単純に**1桁のランダムな値を4回繰り返す**ことで実現できます。つまり、例えば「a1」「a2」「a3」「a4」というような4つの変数を作って、それを繰り返し実行します。具体的には、次のようなプログラムになります。IDLEでファイルを新規作成して入力してみましょう。

List example05-03-01.py

```
1  import random
2
3  a1 = random.randint(0, 9)
4  a2 = random.randint(0, 9)
5  a3 = random.randint(0, 9)
6  a4 = random.randint(0, 9)
7
8  print(str(a1) + str(a2) + str(a3) + str(a4))
```

3〜6行目：4つのランダムな数を作る
8行目：数をつなげて表示する

このプログラムで注目したいところは、8行目の「print(str(a1) + str(a2) + str(a3) + str(a4))」の部分です。「a1」「a2」「a3」「a4」が数値なので、このまま足してしまうと、4つの数の合計が求められてしまいます（**図5-3-1**）。ここでやりたいのは、連結して表示したいということなので、**「str」で文字列に変換**（P.60参照）して実行しなければなりません。実際に実行すると4桁のランダムな値が表示されます（**図5-3-2**）。

図5-3-1 4つの数字を連結して文字として表示する

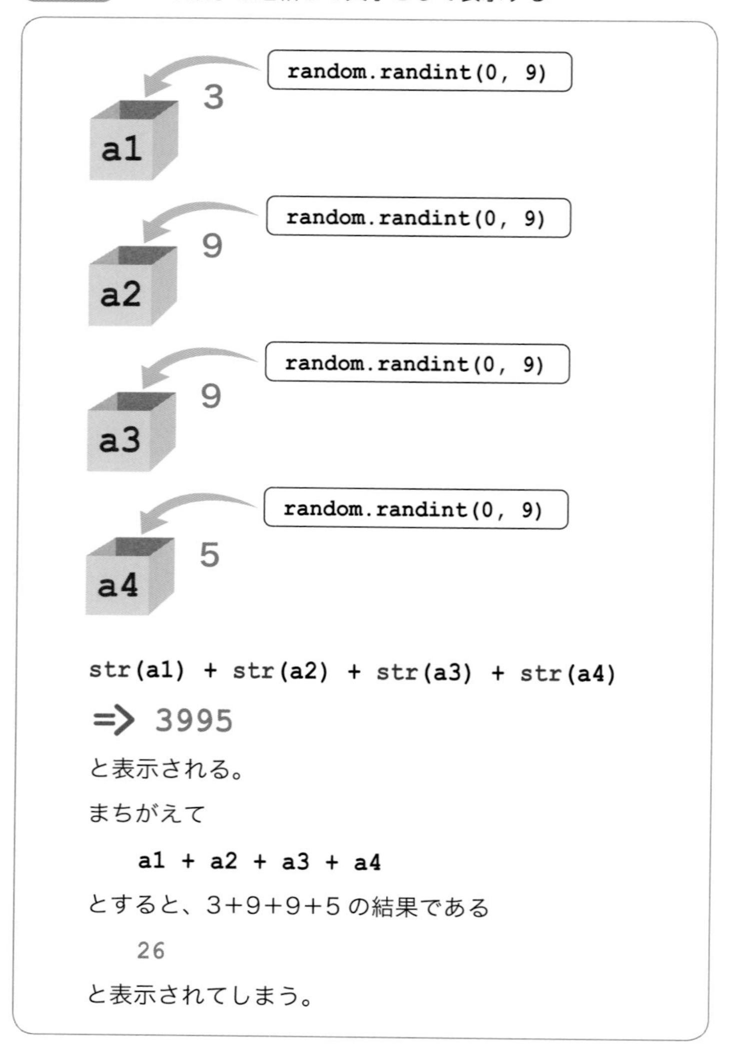

図5-3-2 実行結果（実行するたびに異なる4桁の値が表示される）

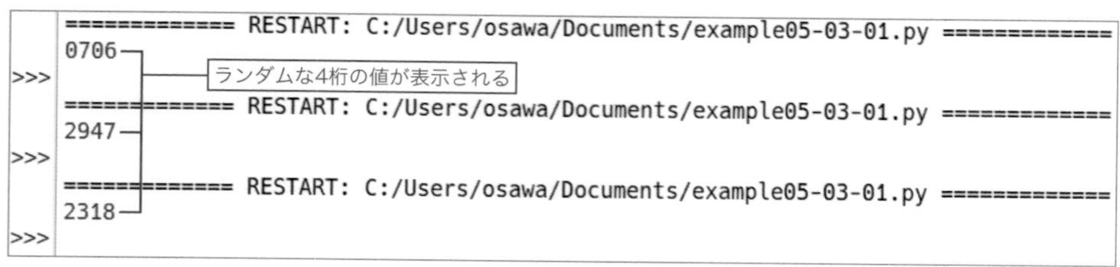

COLUMN ○ ○ ○ ○ ○ ○ ○ ○ ○ ○

4桁のランダムな数値を作る別解

4桁のランダムな数値を作るには、次のように「0」から「9999」までのランダムな値を作る方法もあります。

```
a = random.randint(0, 9999)
```

この方法でもよいのですが、ヒット＆ブローでは4桁の「それぞれの桁の数字」の数当てゲームなので、こうして作った場合は、「1000の桁」「100の桁」「10の桁」「1の桁」を、取り出さなければならなくなります。
そうした手間を考えると、それぞれの桁を別々に管理して、表示するときに連結したほうがプログラムを考えるのが簡単になるので、ここでは4つを別々に計算するようにしています。

リストを使う

このように、ランダムな値を「a1」「a2」「a3」「a4」というように別々の変数に保存していくという方法もあるのですが、後で値が等しいかどうかを調べるときに、処理が少し複雑になってしまいます。

実はPythonには、同じような値をひとまとめにする**「リスト（list）」**という概念があるので、それを使うと4つの数値をひとまとめにできます。ひとまとめにすると、そこから値を探すことが簡単になります。そこで「a1」「a2」「a3」「a4」という独立した変数ではなく、「リスト」を使って管理していくことにします。

「リスト」とは、複数の値を1つにまとめることができる機能です。Lesson 4-3　繰り返し実行してみよう①for構文➡P.83で説明した、forの繰り返し文でも使いました。列挙したデータは「[]」で囲んで「,」で区切ります。たとえば、

```
a = [6, 8, 0, 2]
```

と記述すると、aには4つの箱ができて、それぞれに「6」「8」「0」「2」の値が格納されます。このような箱それぞれを**「要素（element）」**と言います。要素には「0」から始まる番号が付きます。この番号のことを**「インデックス」**または**「添字（そえじ）」**と呼びます（**図5-3-3**）。

for構文では［1, 2, 3, 4］のように連続した値を入れたものを使いましたが、実は、リストでは、このように好きな値を好きな順番で格納できます。

図5-3-3 リストの基本

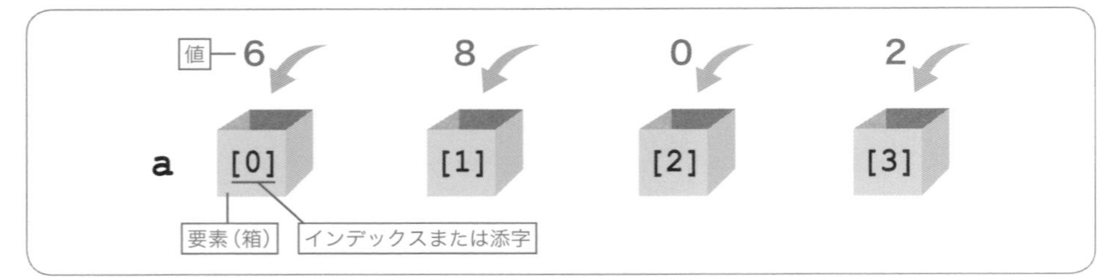

要素の値は、インデックスを指定することで参照できます。たとえば、**図5-3-3**の場合、a[0]は「6」、a[1]は「8」、a[2]は「0」、a[3]は「2」となります。

リストを理解するため、インタラクティブモードで試してみましょう。

まずは、次のように入力してみてください。

インタラクティブモード

```
a = [6, 8, 0, 2] Enter
```

これで、変数aが**図5-3-3**のように設定されます。ここで、

インタラクティブモード

```
a[0] Enter
```

と入力すれば、a[0]に格納されている値である「6」が表示されます。同様に、a[2]、a[3]、a[4]についても確認してみましょう（**図5-3-4**）。

図5-3-4 インタラクティブモードで試してみる

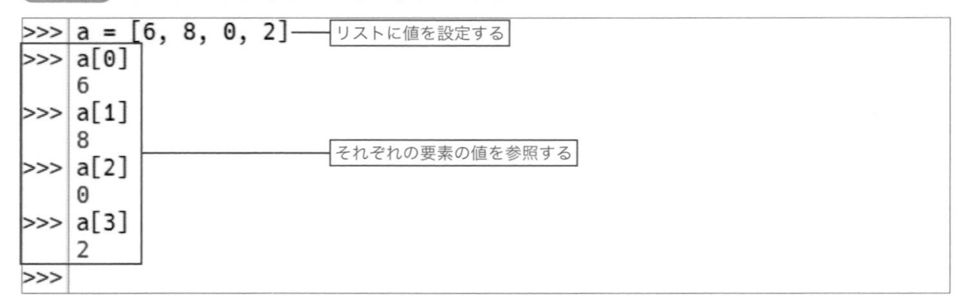

これは分かりやすい！ 1つずつ入力すると、リストの仕組みがよく分かりますね

リストを使って4桁のランダムな値を作る

それでは、先ほど作成した変数a1、a2、a3、a4で作ったプログラム**example05-03-01.py**を「リスト」を使ったものに変更します。プログラムは**example05-03-02.py**のとおりです。

ここではリストを使い、ランダムな値を次のように設定しています。これで、a[0]〜a[3]の4つの要素がランダムな値で埋まります。

```
a = [random.randint(0, 9),
     random.randint(0, 9),
     random.randint(0, 9),
     random.randint(0, 9)]
```

図5-3-5 要素を0〜9のランダムな値で埋める

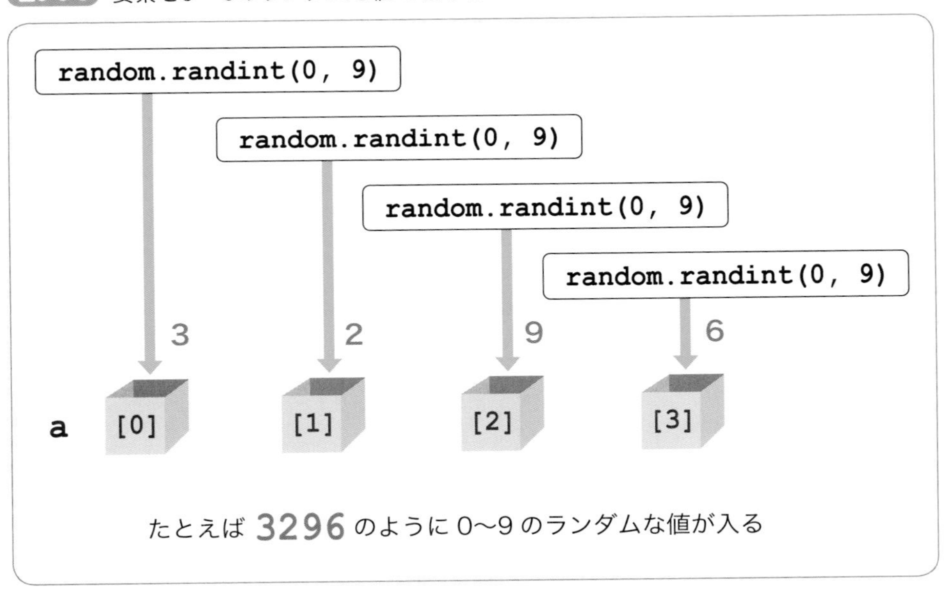

List example05-03-02.py

```
1  import random
2
3  a = [random.randint(0, 9),
4       random.randint(0, 9),
5       random.randint(0, 9),
6       random.randint(0, 9)]
7  print(str(a[0]) + str(a[1]) + str(a[2]) + str(a[3]))
```

(a[0]の値 / a[1]の値 / a[2]の値 / a[3]の値 — 修正か所)

Lesson 5-4

入力を間違えたときにエラーと判定するには

4桁の数字を正しく入力してもらおう

次に、4桁の数字を入力してもらう方法を考えます。ここでは4桁以上の数字が入力されたり、そもそも数字ではないものが入力されたりしたときに、エラーを表示して再入力させるところまで考えていきます。

数字以外が入力されると困りますね……

大丈夫です。フラグを利用して判定できます

文字は要素を指定することで1つずつ取得できる

入力された数字を、後でヒットかブローかと判定していくことを考えた場合、Lesson 5-3 4桁のランダムな値を作る➡P.129で、答えとなるランダムな数字をリストとして４つに分けたように、**入力された４桁の文字も、それぞれの文字を４つに分けて管理すると処理が楽に**なります。

実はPythonでは、文字列はリストと同じように[]のインデックスを使って、先頭から順に一文字ずつ取り出すことができます。

たとえば、ユーザーから「5329」と入力されたとき、「b[0]」を参照すると「5」という文字が、「b[1]」を参照すると「3」という文字が得られます（**図5-4-1**）。

図5-4-1 文字列はインデックスで1文字ずつ取り出せる

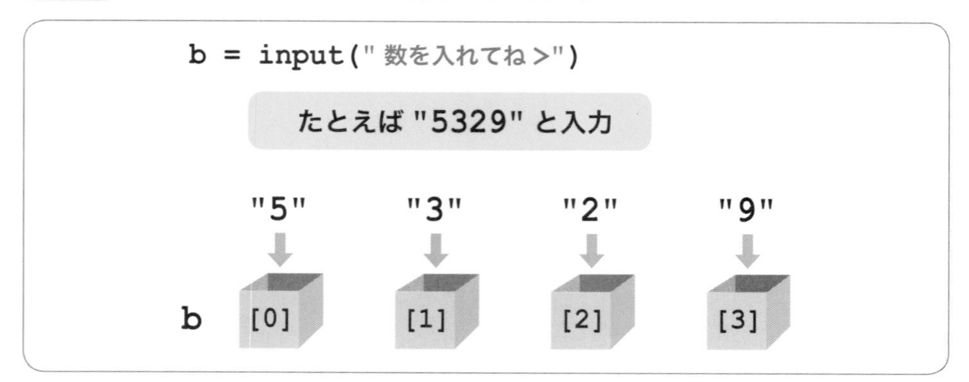

実際にやってみましょう。IDLEでファイルを新規作成して、次のようなプログラムを実行すると、4桁の数字を入力したとき、それぞれ1桁ずつ表示できます。

List example05-04-01.py

```
1  import random
2
3  b = input("数を入れてね>")   ← ユーザーに4桁の数字を入力してもらう
4  print(b[0])
5  print(b[1])                  ← 左から1文字目、2文字目、3文字目、4文字目を順に表示
6  print(b[2])
7  print(b[3])
```

図5-4-2 実行結果

```
============= RESTART: C:/Users/osawa/Documents/example05-04-01.py =============
数を入れてね>5329   ← ❶ユーザーが4桁の数字を入力
5
3                   ← ❷それぞれの桁が表示された
2
9
>>>
```

入力エラーとしてはじく

4桁の数当てゲームであると考えた場合、この「数を入れてね」というところには、本来なら4桁の数字を入力して欲しいのですが、間違えて、たとえば桁数が3桁だったり5桁だったり、4桁ではない数が入力される可能性もあります。また、そもそも数字ではなく、「あ」や「い」などの文字が入力される可能性もあります。そうしたことはゲームをする上で問題になるので、エラーとしてはじきたいと思います。

❶ 4桁であることをチェックする

まずは、4桁で入力されたということを確認してみましょう。Pythonでは**len関数**を使うことで、その文字列の長さを求められます。

次のように、len(b) が4ではない——すなわち、「if len(b) != 4:」という条件を指定すると、4桁で入力されたかどうかを確認できます。

```
b = input("数を入れてね>")
if len(b) != 4:                ← もし変数bの文字列が4桁でないならば
    print("4桁の数字を入力してください")
```

しかし、実際には4桁であることをチェックするだけではなく、4桁でなければ4桁がきちんと入力されるまで、繰り返し入力してほしいということがほとんどだと思います。そこ

で、whileを使ってループ処理するように、**example05-04-01.py**を以下のように書き換えます。

List example05-04-02.py

```
1  import random
2
3  isok = False                          フラグ。最初はFalseにしておく
4  while isok == False:                  フラグがFalseである間、繰り返す
5      b = input("数を入れてね>")
6      if len(b) != 4:
7          print("4桁の数字を入力してください")
8      else:
9          isok = True                   正しく入力されたらフラグをTrueにする
                                         (これで繰り返しを終わらせる)
10
11 print(b[0])
12 print(b[1])
13 print(b[2])
14 print(b[3])
```

このプログラムでは、「while」を使って条件を満たすまで繰り返すという処理にしてあります。「while」はすでにLesson 4-4　繰り返し実行してみよう②while構文➡P.94で説明したように、

```
while 条件:
  繰り返し実行したい文
```

と書くと、それが繰り返し実行される仕組みです。

ここでは、「値が正しく入力されたか」を判別するために、「isok」という変数を用意しました。isok変数は、最初は「False」を設定します。

```
isok = False
```

すると、このとき、

```
while isok == False:
```

の条件はisokがFalseなので成り立ちます。そのため、whileの中身が実行されます。

続いて、次のように「数を入れてね>」と表示して、ユーザーが入力した結果を変数bに格納します。

```
b = input("数を入れてね>")
```

そして次に、if文で4桁かどうかを判断しています。

```
if len(b) != 4:
    print("4 桁の数字を入力してください ")
else:
    isok = True
```

4桁でないときは「4桁の数字を入力してください」と表示します。

そうでない、つまり、4桁であったらisokをTrueにします。すると、繰り返し処理の

```
while isok == False:
```

が条件を満たさなくなるので、ループが終了するというわけです。

実際に実行すると、4桁の数字を入力するまで、繰り返し入力を促されます（**図5-4-3**）。

ここではisokという変数で「正しく入力されたか？」という状態を判断していますが、こうした「準備が整ったかどうか？」を保存しておいて、準備が整うまで繰り返すといった判定は、プログラミングでよく行われます（**図5-4-4**）。

準備ができたか否かなど、状態を判定するためなどに使われるTrueかFalseかを格納する変数は、「**フラグ（Flag）**」とも呼ばれます。これは準備が整ったら「旗を揚げる（True)」、整っていないなら「旗を下げる（False)」のように見立てたものです（**図5-4-5**）。

図5-4-3 実行結果

```
============= RESTART: C:/Users/osawa/Documents/example05-04-02.py =============
数を入れてね>13
4 桁の数字を入力してください
数を入れてね>14567
4 桁の数字を入力してください
数を入れてね>1234
1
2
3
4
>>>
```

4桁入力するまで繰り返される

図5-4-4 繰り返し入力を促す仕組み

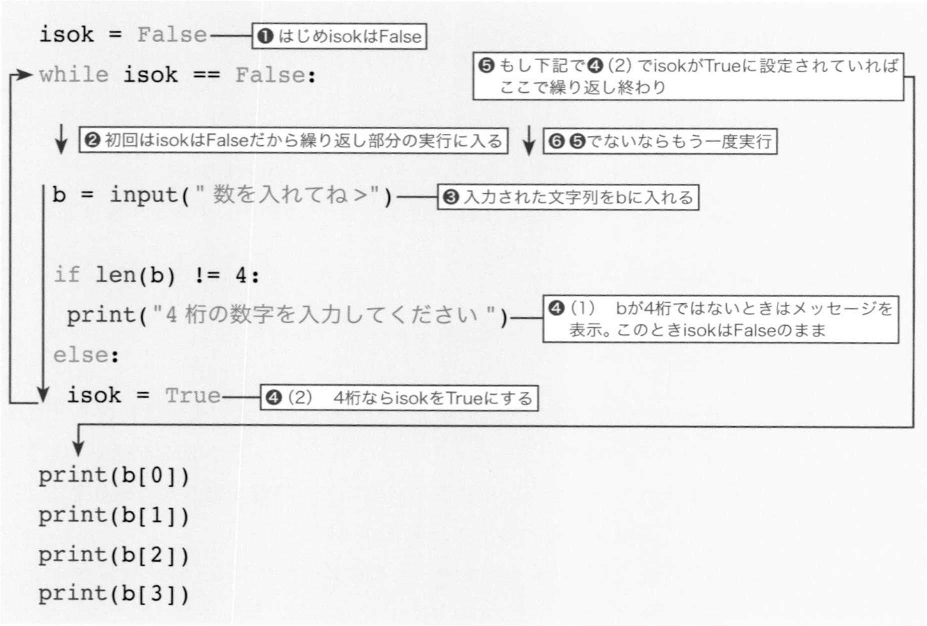

isok = False
❶はじめisokはFalse
while isok == False:
❺もし下記で❹(2)でisokがTrueに設定されていれば ここで繰り返し終わり
❷初回はisokはFalseだから繰り返し部分の実行に入る
❻❺でないならもう一度実行
b = input("数を入れてね>")
❸入力された文字列をbに入れる
if len(b) != 4:
print("4桁の数字を入力してください")
❹(1) bが4桁ではないときはメッセージを表示。このときisokはFalseのまま
else:
isok = True
❹(2) 4桁ならisokをTrueにする
print(b[0])
print(b[1])
print(b[2])
print(b[3])

図5-4-5 フラグ(Flag):旗が立っているとTrue、旗が降りているとFalse

準備はまだ
False
True
準備Ok!
フラグが立った!
isok == False
4桁の数字が入力された
isok == True

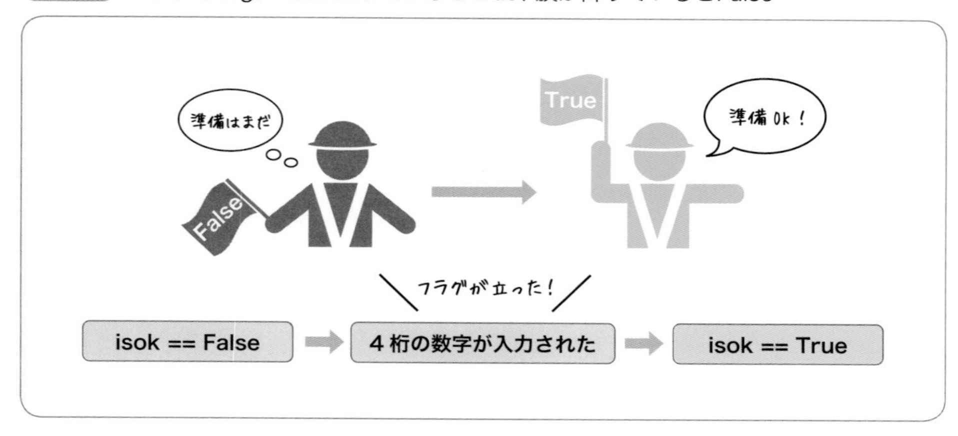

❷ 各桁が数字であること

次に同様にして、各桁が数字であるということを判断したいと思います。

各桁が数字であるということは、それぞれの桁が0以上9以下であるということです。よって次のように判定できます。

```
if (b[0] >= "0") and (b[0] <= "9") :
```

ここで変数bのそれぞれの要素はユーザーが入力した「文字列」を切り出したもので「数字」ではありません。ですから、「"0"」とか「"9"」のように「" "」でくくり、「文字列」として扱う点に注意してください。くくらずに「数字」として、次のようにすると間違いです。

【間違い】

```
if (b[0] >= 0) and (b[0] <= 9) :
```

MEMO

今回は数字かどうかを判断していますが、同じ仕組みを使って、アルファベットかどうかを判断することもできます。たとえば(b[0] >="a") and (b[0] <="z")という条件は、「a」「b」「c」・・・略・・・「y」「z」のいずれかという意味となり、「英語の小文字かどうか」を判断できます。

MEMO

別解として、「if (int(b[0]) >= 0) and (int(b[0] <= 9):」のように、int関数を使ってb[0]を整数にする方法もとれます。しかし、この場合「b[0]」が数字でない場合には、int関数で変換する処理でエラーが発生してしまいます。ここではb[0]に正しく数字が入っている保障がないので、文字列として比較するのが良いでしょう。

さて本題は、正しく入力「されていない」ときにエラーを表示したいということです。そこでエラーを表示するには、これとは逆の条件となるよう、以下のようにします(**図5-4-6**)。

```
if (b[0] < "0") or (b[0] > "9"):
  print(" 数字ではありません ")
```

図5-4-6 数字であるかないかの判定

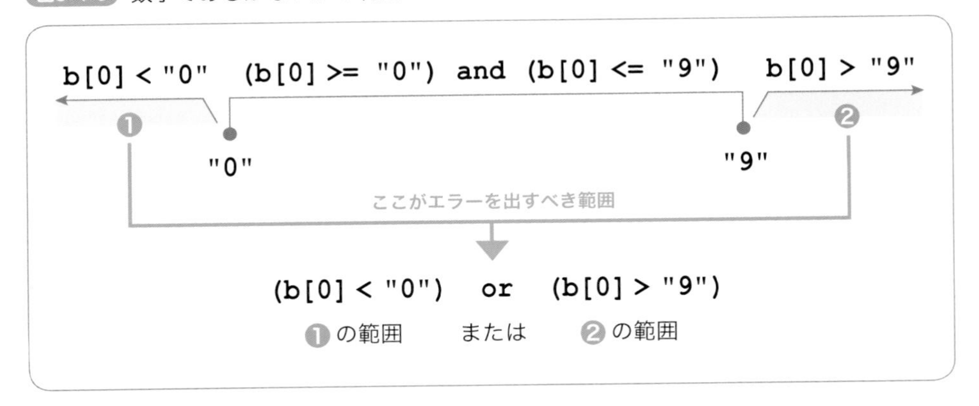

ここまでは1桁目しか説明してきませんでしたが、2〜4桁目も同様に比較すれば、全桁が数字であるかどうかを調べることができます。プログラムは**example05-04-03.py**のようになります。

前に作ったプログラムを書き換えて、別名で保存しましょう。実際に試すと、数字以外を入力したときは「数字を入力してください」と促されることが分かります（**図5-4-7**）。

List example05-04-03.py

```
1  import random
2  
3  isok = False
4  while isok == False:
5      b = input("数を入れてね>")
6      if len(b) != 4:
7          print("4桁の数字を入力してください")
8      else:
9          if (b[0] < "0") or (b[0] > "9") :
10             print("数字ではありません")
11         elif (b[1] < "0") or (b[1] > "9") :
12             print("数字ではありません")
13         elif (b[2] < "0") or (b[2] > "9") :
14             print("数字ではありません")
15         elif (b[3] < "0") or (b[3] > "9") :
16             print("数字ではありません")
17         else:
18             isok = True
19 
20 print(b[0])
21 print(b[1])
22 print(b[2])
23 print(b[3])
```

（注記：9〜10行目「1桁目を判定」、11〜12行目「2桁目を判定」、13〜14行目「3桁目を判定」、15〜16行目「4桁目を判定」、18行目「全部OKのとき」）

図5-4-7 実行結果

```
============= RESTART: C:/Users/osawa/Documents/example05-04-03.py =============
数を入れてね>ab12
数字ではありません
数を入れてね>あい34
数字ではありません
数を入れてね>1234
1
2
3
4
>>>
```

（注記：1〜4行目「数字であることを判定」）

ループ処理で判定をもう少し簡単に

このような書き方でも目的を達成することができますが、「if」がたくさんあると、見にくくてとても分かりにくいものになります。

もう少しプログラムを工夫してみましょう。そのためには、**各桁をループで判定する**という方法が有効です。

ここで考えたいのは、次の部分です。

```
if (b[0] < "0") or (b[0] > "9") :
    print("数字ではありません")
elif (b[1] < "0") or (b[1] > "9") :
    print("数字ではありません")
elif (b[2] < "0") or (b[2] > "9") :
    print("数字ではありません")
elif (b[3] < "0") or (b[3] > "9") :
    print("数字ではありません")
else:
    isok = True
```

ここでは4桁繰り返しているだけですから、

```
for i in range(4):
  各桁の比較処理
```

とforを使えば、もう少し短くできて見やすくなりそうです。

実際には、次のように書けます。

```
kazuok = True ――――――――――――――― 数字でないものがあるかを調べる目的で使う
for i in range(4): ――――――――――― 0から3まで4回繰り返す
  if (b[i] <"0") or (b[i] > "9") :
      print("数字ではありません")
      kazuok = False ―――――――――― 数字ではなかった
      break
if kazuok :
    isok = True ―――――――――――――― 全部数字だったのでOK
```

正しい数字かどうかを判断するために変数「kazuok（数（kazu）がOKか？ という意味でこのような変数名にしていますが、どのような変数名でもかまいません）」を用意しました。

最初は、次のように「kazuok = True」、つまり、「正しい数値が入力されているだろう」という値にしています。

```
kazuok = True
```

そしてループで、4回繰り返します。

```
for i in range(4):
```

これで変数iの値が「0」「1」「2」「3」のように変わりながら繰り返していきます。
そして、

```
if (b[i] <"0") or (b[i] > "9") :
```

のように数字かどうかを判断します。数字ではないときは、

```
print("数字ではありません")
```

のように「数字ではありません」と表示します。そして、

```
kazuok = False
```

kazuokをFalseに設定します。kazuokは「数字が入力されているはず」ということを示す変数として使ったので、「実際に調べてみたら、数字以外だった」という設定です。
1つでも数字でなければ、残りを判定するのは無駄なので、

```
break
```

として、このforループを中断して、次の処理に進みます。
最後に、

```
if kazuok :
    isok = True
```

のようにしてkazuokがTrueであるかどうかを調べます。
kazuokがTrueということは、数字ではないものがなかったということです。つまり、全桁が数字であり入力に問題がありません。そこでisokをTrueに設定します。

少し複雑なので、ここまで作成したプログラム全体を**example05_04_04.py**としてまとめ、その流れを**図5-4-8**に示します。

List example05-04-04.py

```
import random

isok = False
while isok == False:
    b = input("数を入れてね>")
    if len(b) != 4:
        print("4桁の数字を入力してください")
    else:
        kazuok = True
        for i in range(4):
            if (b[i] <"0") or (b[i] > "9") :
                print("数字ではありません")
                kazuok = False
                break
        if kazuok :
            isok = True

print(b[0])
print(b[1])
print(b[2])
print(b[3])
```

修正か所

図5-4-8 全体の流れ

```
isok = False
while isok == False:
    b = input("数を入れてね>")
    if len(b) != 4:
        print("4桁の数字を入力してください")
    else:
        kazuok = True
        for i in range(4):
            if (b[i] <"0") or (b[i] > "9") :
                print("数字ではありません")
                kazuok = False
                break
        if kazuok :
            isok = True
```

❶ isokは全体がOKかどうかを調べるのに使う。最初はFalseを設定して、「NG」であることを示しておく

❷ kazuokは4桁が全部数字かどうかを調べるのに使う。最初はTrueを設定して、「たぶんOKだろう」ということを示しておく

❸ 数字でないときはkazuokにFalseを設定する。つまり、「最初は数字だと思ってたけど、実際調べたら、ダメだった」ということを示す

❹ 全部が数字、つまり上記❸が実行されない状態なら全体としてOKであることを示す

isokがFalseである間、繰り返し

4回繰り返し

COLUMN

正規表現で一発チェック

ここでは基本に則って1桁ずつ数字を調べるという方法を取りましたが、1つ1つ調べていくのは実際にはとても大変です。
これをもっとスマートに書く方法として、**正規表現**を使う方法があります。正規表現はパターンと呼ばれる書式を使って、文字列の頭から順に、文字がそのパターンと合致しているかどうかを調べる方法です。これを**パターンマッチ**と言います（example05-04-05.py）。
数字かどうかを調べるには、「\d」（Windowsの場合は「¥d」）という特別な記号を使います。つまり先頭から「\d」が4つ繋がっているかどうかを調べることで、その文字列が4桁の数字であるかどうかを調べることができます（**図5-4-A**）。慣れてきたら、こうした簡単に書ける方法を使うのも良いでしょう。

なお正規表現は、**reモジュール**として提供されています。そのため、次のようにreモジュールのインポートが必要です。

```
import re
```

図5-4-A 正規表現のパターンマッチ

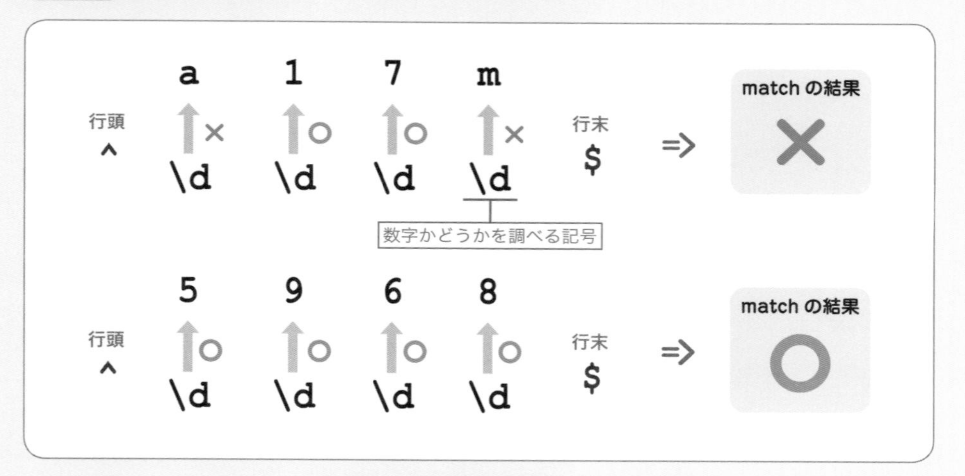

（次ページへ続く）

（前ページの続き）

List example05-04-05.py

```
import re

isok = False
while isok == False:
    b = input("数を入れてね>")
    if not re.match(r"^\d\d\d\d$", b):
        print("4桁の数字を入力してください")
    else:
        isok = True

print(b[0])
print(b[1])
print(b[2])
print(b[3])
```

MEMO

はじめての人にとって分かりやすいように「\d\d\d\d」と記述していますが、このように4回繰り返す場合は、「\d{4}」のようにも書けます。

Lesson 5-5

変数aとbをどうやって比較すればよいのか

ヒットとブローを判定しよう

ここまでのプログラムで、変数aには4桁のランダムな数字が、変数bにはユーザーが入力した4桁の数字が入力されるというところまでできました。あとは両者を判定し、ヒットかブローかを提示できるようにして、ゲームとして仕上げていきます。

当たりか外れか判定できれば完成ですね！

ループ処理をうまく書ければ大丈夫です！

ヒットを判定しよう

まずは、ヒットの部分から判定していきましょう。

ヒットは位置も数も一緒という状況を示します。これは変数aと変数bを、0から3まで4つの要素に対して、それぞれ比較していく形をとります。そんなプログラムを普通に書くと下記のようになります。

ここではヒット数をカウントするのに「hit」という名前の変数を使いましたが、ほかの変数名でも、もちろんかまいません。

```
hit = 0
if a[0] == int(b[0]):
  hit = hit + 1
if a[1] == int(b[1]):
  hit = hit + 1
if a[2] == int(b[2]):
  hit = hit + 1
if a[3] == int(b[3]):
  hit = hit + 1
```


少し考えれば分かるように、これはforループでも書くことができます。forループで書き換えると、次のようなプログラムと仕組みになります（**図5-5-1**）。

```
hit = 0
for i in range(4)
  if a[i] == int(b[i]):
    hit = hit + 1
```

図5-5-1 ヒットの判定

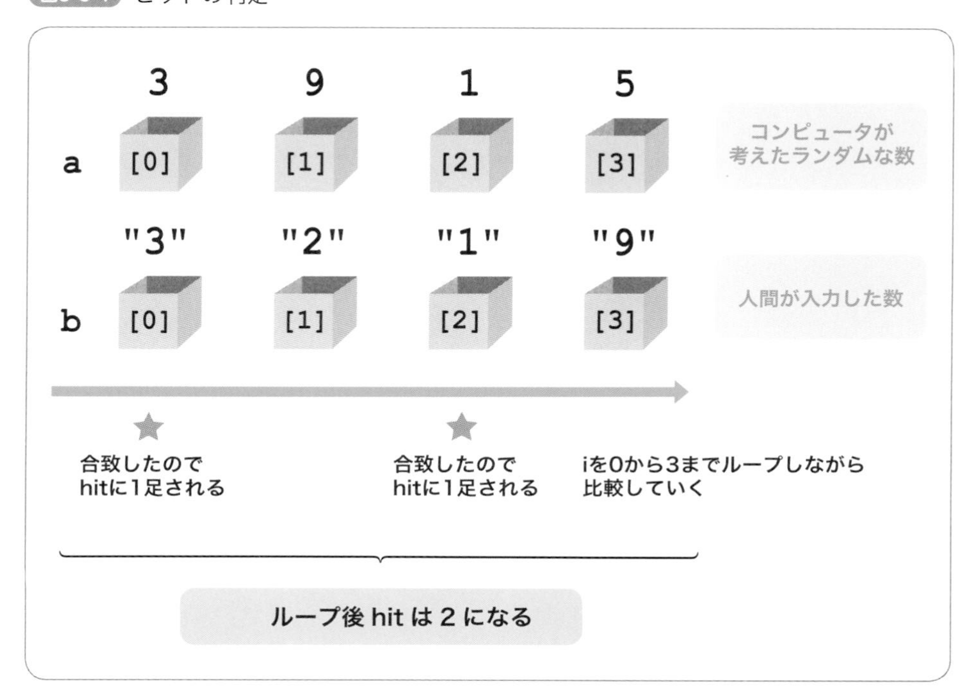

ブローを判定しよう

次に、ブローを判定していきましょう。

ブローは「位置は正しくないが、その数字が含まれている」という状況です。これを判定するには、変数bの各桁の値が変数aの各桁の値と合致するかを確かめます。

具体的に見ていきましょう。ここではコンピュータが考えた値（変数a）は「4119」、ユーザーが入力した値（変数b）が「1439」とします（**図5-5-2**）。

このとき、bの一番左の桁（b[0]）のブロー判定は、aの各桁と比較する作業となり、次のような判定の流れをとります。

図5-5-2 1桁目のブローを判定する

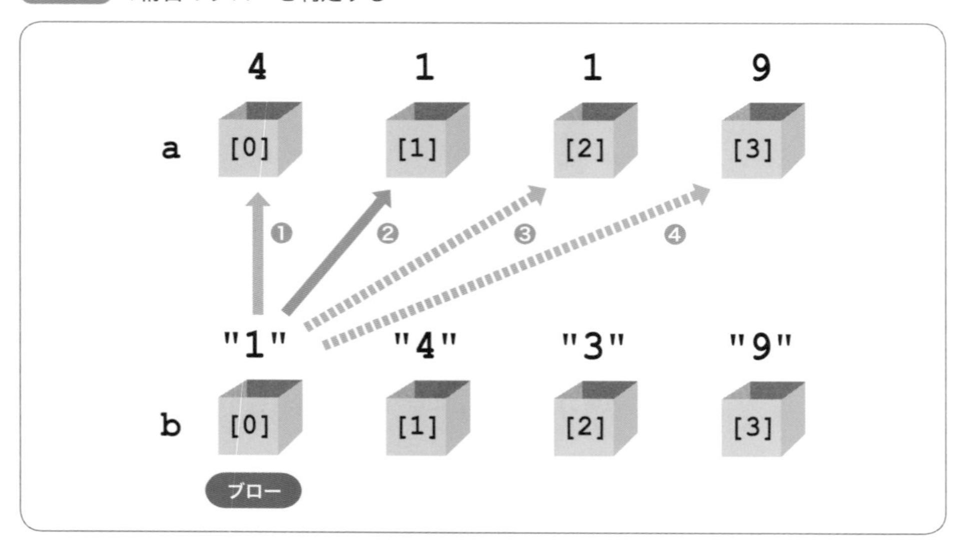

❶ **b[0]がa[0]と合致しているかを調べる➡していない**

❷ **b[0]がa[1]と合致しているかを調べる➡している➡ブロー**

❸ **すでに❷でブローと分かっているから判定不要**

❹ **すでに❷でブローと分かっているから判定不要**

ということになり、一番左の桁は「ブローしている」ということになります。

実際のこの判定をプログラムで記述すると、b[0]に対して、a[0]、a[1]、a[2]、a[3]を比較すれば良く、次のように書くことができます。

```
blow = 0
for i in range(4):
  if int(b[0]) == a[i]:  ← b[0]がa[0]、a[1]、a[2]、a[3]と合致するかをループで順に調べる
    blow = blow + 1
    break  ← 合致したらそこで判定終了
```

ブローだと分かったときにbreakして、そこで判定をやめているのは、ブローを重複して数えないためです。breakしないと、❸でもう一度合致してしまうので、ブローの数が2になってしまいます。

ヒットとブローの重複を除外する

さて、ヒットとブローの判定は、おおむねこれで良いのですが、「**ブローかつヒット**」の場合があるので、ifに指定した条件が実は不十分です。

たとえば、**図5-5-3**のように、ユーザーが入力した値が「9439」であるとします。このとき、b[0]の「9」はa[3]の「9」に合致するのでブローと思いきや、a[3]はb[3]に合致しており「ヒット」です。このままだと、ヒットとブローで重複して数えてしまうので、**除外する必要があります。**

図5-5-3 ブローかつヒットの場合は除外する

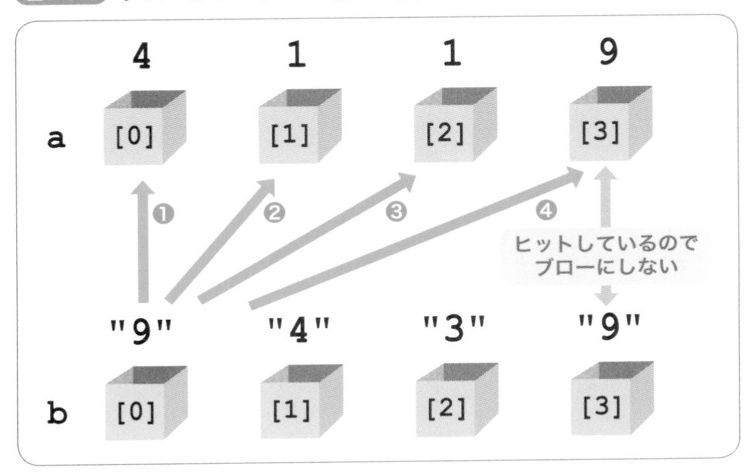

そこで、これを除外するよう、**ブロー判定のifの条件を次のように変更**します。

ヒットとは、同じ位置で合致している、つまり、i番目であるa[i]とb[i]が等しいときです。ですから「ヒットしていない」という条件は、これが等しくないとき、つまり、「a[i] !=b[i]」と記述できます（「!=」は等しくないという比較演算子です）。

```
if (int(b[0]) == a[i]) and (a[i] != int(b[i])):
```

これは2桁目以降も、同様にしてチェックします。2桁目であれば、

```
for i in range(4):
  if (int(b[1]) == a[i]) and (a[i] != int(b[i])):
    blow = blow + 1
    break
```

入力した2桁目

のように「b[1]」をチェックします。

よって、4桁全部をチェックするなら、b[2]、b[3]もチェックするようにし、以下のように記述できます。

```
blow = 0
for i in range(4):
  if (int(b[0]) == a[i]) and (a[i] != int(b[i])):
    blow = blow + 1
    break
```

1桁目

（次ページへ続く）

（前ページの続き）

```
for i in range(4):
  if (int(b[1]) == a[i]) and (a[i] != int(b[i])):
    blow = blow + 1          2桁目
    break
for i in range(4):
  if (int(b[2]) == a[i]) and (a[i] != int(b[i])):
    blow = blow + 1          3桁目
    break
for i in range(4):
  if (int(b[3]) == a[i]) and (a[i] != int(b[i])):
    blow = blow + 1          4桁目
    break
```

これをループを使ってまとめると、下記のようになります。少し複雑ですが、「j」という変数を使いました。もちろん、変数名は何でも構いません。

```
blow = 0
for j in range(4):
  for i in range(4):  ―― 0、1、2、3とユーザーの入力欄をずらしてループする
    if (int(b[j]) == a[i]) and (a[i] != int(b[i])) :
      blow = blow + 1        ユーザーが入力したj桁目
      break
```

図5-5-4 ブローの判定をループで処理する

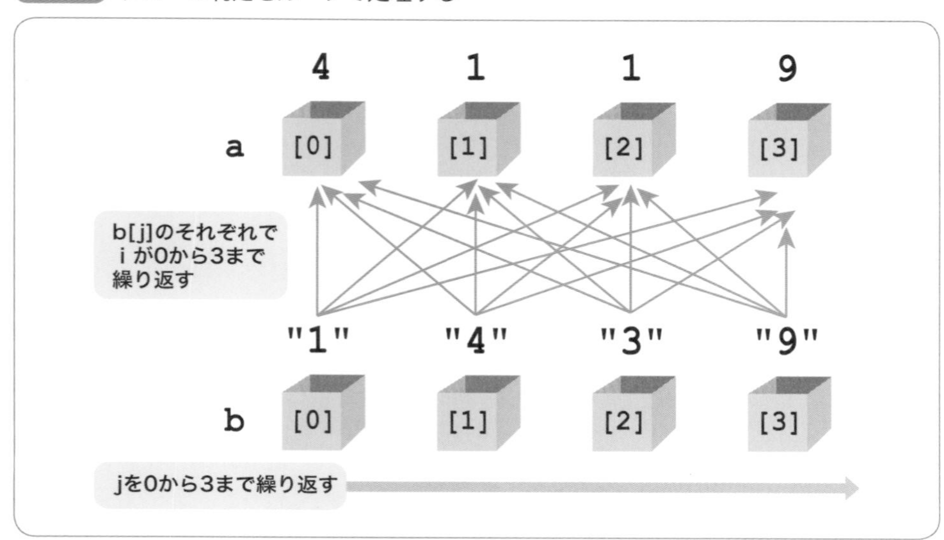

ヒットが4になるまで繰り返す

ヒットの処理とブローの判定処理が分かりました。これを実際にプログラムに組み込んでみましょう。「ヒット＆ブロー」のゲームでは、ヒットが4になるまで繰り返す、つまりヒットが4になったときが当たりになります。実際にプログラムを作ると、次のようになります。

List example05-05-01.py

```
import random

a = [random.randint(0, 9),
     random.randint(0, 9),
     random.randint(0, 9),
     random.randint(0, 9)]

# 動作確認のための答えを表示
print(str(a[0]) + str(a[1]) + str(a[2]) + str(a[3]))

while True :
    # Lesson 5-4 のプログラム
    # 4 桁の数字かどうかを判定する
    isok = False
    while isok == False:
        b = input("数を入れてね>")
        if len(b) != 4:
            print("4 桁の数字を入力してください")
        else:
            kazuok = True
            for i in range(4):
                if (b[i] <"0") or (b[i] > "9") :
                    print("数字ではありません")
                    kazuok = False
                    break
            if kazuok :
                isok = True

    # 4 桁の数字であったとき
    # ヒットを判定
    hit = 0
    for i in range(4):
      if a[i] == int(b[i]):
        hit = hit + 1

    # ブローを判定
    blow = 0
    for j in range(4):
      for i in range(4):
        if (int(b[j]) == a[i]) and (a[i] != int(b[i])):
          blow = blow + 1
          break

    # ヒット数とブロー数を表示
    print("ヒット " + str(hit))
    print("ブロー " + str(blow))

```

- Lesson5-3「example05-03-02.py」のプログラム (1〜9行目)
- コンピュータが考えた4桁のランダムな値 (3〜7行目)
- ユーザーの入力が4桁の数字かどうかを判定する変数 (14行目)
- bはユーザーが入力した値 (16行目)
- 長さが4文字か調べる (17行目)
- 各桁が数字か調べる (20〜27行目)
- P.143で作成したヒットの判定 (31〜34行目)
- P.146で作成したブローの判定 (37〜42行目)
- 新たに追加したプログラム (44〜46行目)

（次ページへ続く）

（前ページの続き）

```
48        # ヒットが 4 なら当たりで終了
49        if hit == 4:
50            print("当たり！")
51            break
```

当たったらbreakしてループを終了

実際に遊んでみましょう。この状態では、動作テストのため、コンピュータが考えた値（答え）を、先に画面に出てくるようにしています。そこで、それを当てるという形でいくつか数字を入力します。全部当たれば「ヒット 4」➡「当たり！」と表示されて終了します（**図5-5-5**）。

図5-5-5 ヒット＆ブローで遊んでみる

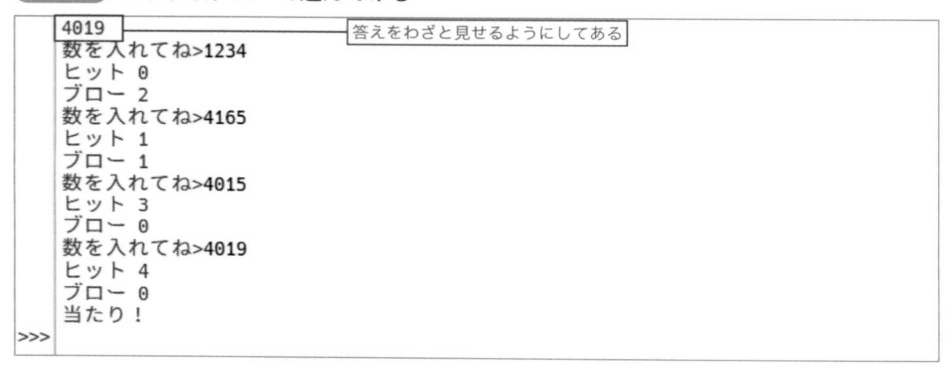

答えを隠そう

動作の確認が終わったら、コンピュータの考えた値、つまり答えを表示しないようにして、ゲームの完成としましょう。答えを先に表示しているのは、プログラムの次の部分です。

```
print(str(a[0]) + str(a[1]) + str(a[2]) + str(a[3]))
```

そこで、この部分を削除します。もしくは、削除せずに、行頭に「#」記号を入れて**コメントアウト**するという方法もあります。

削除ではなくコメントアウトしておけば、後で答えを表示したくなった場合、頭の「#」を取ってしまえば簡単に再表示できます。

このようにコメント文は特定の処理を一時的に止めたい、無効にしたい、また有効に戻したいというときにも使うことができます。

```
print(str(a[0]) + str(a[1]) + str(a[2]) + str(a[3]))
```

↓　行頭に「#」を付けてコメントにすると、実行されないので表示されなくなる

```
# print(str(a[0]) + str(a[1]) + str(a[2]) + str(a[3]))
```

COLUMN

ブローの重複を除外する

本文中では、話を簡単にするために、ブローの重複は考慮していません。たとえばaが「4119」、bが「9493」の場合、ブローしているのは「9」と「4」なので「2」とカウントすべきですが、「9」「4」「9」のように「9」が二重にカウントされ、「3」という結果となります。

図5-5-A ブローの重複

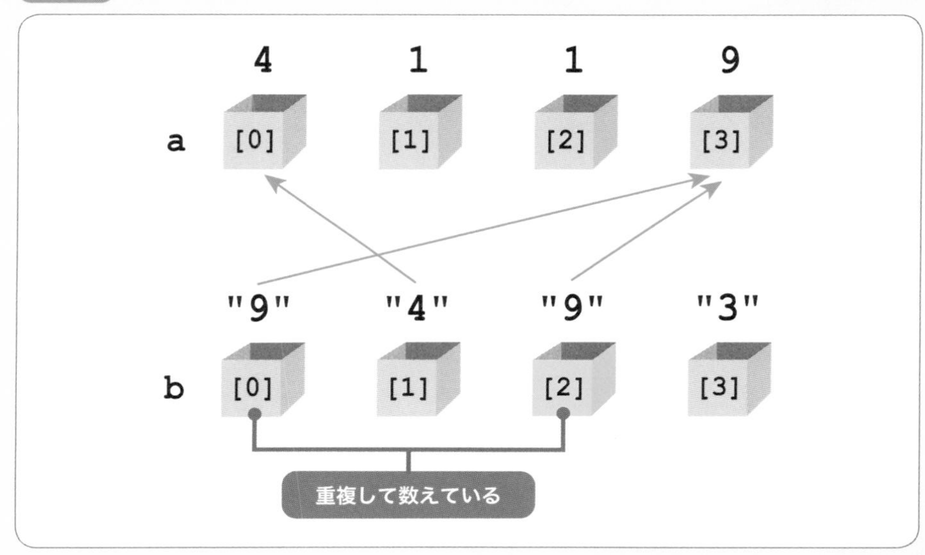

こうした重複を排除するには、いくつかの方法があります。例えば、bにすでに同じ数があるときは確認をスキップするやり方が考えられます。
Pythonでは、次のように記述すると、その値がリスト（もしくは文字列。以下同じ）に含まれているかどうかを確認できます。

```
値 in リスト
```

そして、

```
リスト [ 開始インデックス : 終了インデックス ]
```

と記述すると、リストの一部を取り出せます。たとえばbが、**図5-5-A**のように「9493」である場合、

```
b[0:2]
```

は、先頭から2文字分の「94」です。同様に、

```
b[0:3]
```

（次ページへ続く）

（前ページの続き）

であれば、先頭から3文字分の「949」です。
j番目の値がブローしているかどうかを確認するときに、すでに確認済みかどうかはb[0:j]にb[j]が含まれているかを確認すればよいので、ブローのチェックの処理を次のように修正することで、ブローの重複を数えないようにできます。
continue文は、以降の処理をスキップして、次のループに進む文です。

```
# ブローを判定
blow = 0
for j in range(4):
    # すでに確認済みであればチェック処理をスキップする
    if b[j] in b[0:j]:
        continue

    for i in range(4):

        if (int(b[j]) == a[i]) and (a[i] != int(b[i])):
            blow = blow + 1
            break
```

図5-5-B 重複しているときはチェックをスキップする

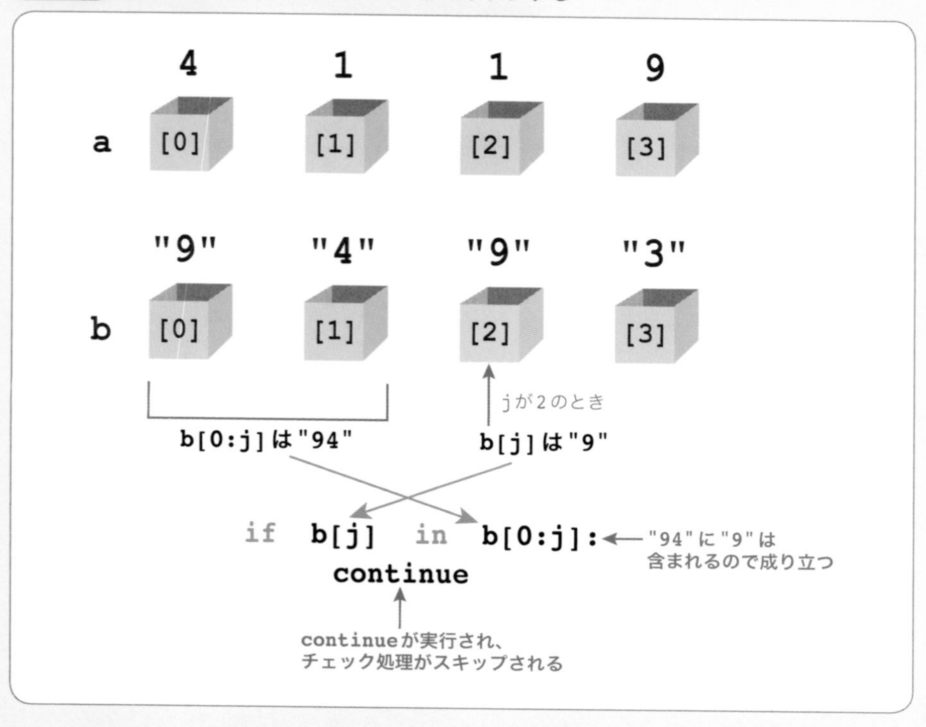

Chapter 6

数当てゲームをグラフィカルにしよう

Chapter 5では、ヒット＆ブローの数当てゲームを作成しましたが、文字ばかりで見にくく味気ないものでした。Chapter 6では、ゲームをウィンドウ表示にすることでグラフィカルなものにし、よりゲームらしい形に作り変えていきます。

Lesson 6-1

文字だけのゲームをウィンドウ版に移植しよう

ゲームの見た目を設計する

Chapter 6では、Pythonでウィンドウを表示する方法を学びます。具体的には、Chapter 5で作成した数当てゲームをウィンドウ表示にして、よりゲームらしくするにはどうすればよいかを考え、作業していきます。

難しかったですが、ゲームができましたね！

でも、もっと遊びやすく改善したいですよね

マウスで操作できるようになりませんか？

モジュールを使えばウィンドウ表示で遊べるようになります。どんな見た目にしたらいいのか、まずは設計を考えてみましょう！

Pythonでウィンドウ表示する

Chapter 5ではPythonのIDLEの画面でキー入力して、数当てゲームをプレイしました。それに対して**Chapter 6**では、IDLEではなく、ウィンドウ表示された画面上で数当てゲームを遊べるように改造していきます。

具体的には**図6-1-1**のように、ウィンドウ画面内に4桁の数字を入力し、[チェック] ボタンをクリックすると、ヒットとブローの数を表示するというプログラムを作ります。

プログラミングのポイントは、❶ボタンがクリックされたときにテキストボックスに入力された文字をどのようにして読み込むのか、❷ゲームを円滑に進めるためにユーザーに対するメッセージをどのように表示するのか、という点です。

図6-1-1 ウィンドウ化したゲーム

ゲームらしく設計するには

しかし、ヒット＆ブローというゲームを考えたときに、**図6-1-1**のように入力するたびに「ヒットがいくつ、ブローがいくつ」と表示されるだけでは、入力を繰り返すうちに、どの数字が当たりで、どの数字が外れなのか把握にしくくなります。

そこで、もっと遊びやすいゲームにするために、このChapterの最後では、テキストボックスの右側に入力した数字の**履歴を表示**するようにしてみます（**図6-1-2**）。

履歴では「H」がヒット、「B」がブローの数を示します。このように、「入力した数字・当たり・外れの履歴」を作ることで、ユーザーが考えやすくなり、見た目もゲームらしくなっていきます。

図6-1-2 画面の右側に履歴を付ける

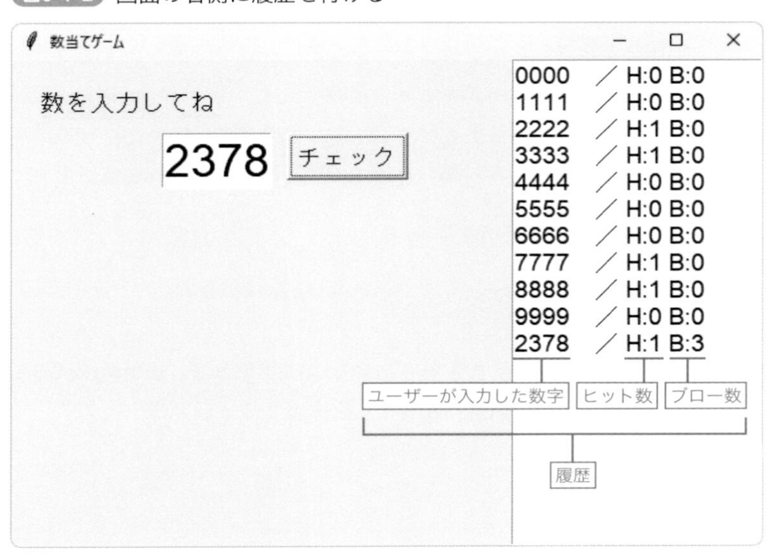

Lesson 6-2

ウィンドウ表示にはGUIツールキットを使います

Pythonでウィンドウを表示してみよう

はじめに、Pythonでウィンドウを表示する方法を学びましょう。ウィンドウは、サイズを変更したり、タイトルを変更したりすることができます。

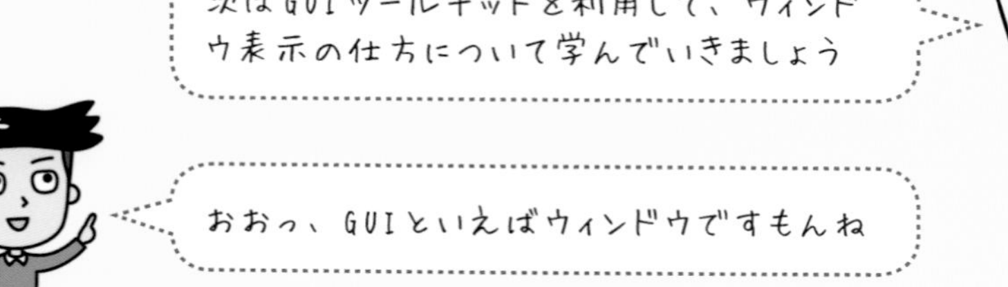

ウィンドウを表示する

ウィンドウ、入力用のテキストボックス、ボタンなど、グラフィカルな画面で操作するための部品群を集めたものを「**GUIツールキット**」と呼びます。

GUIツールキットにはいくつかありますが、Pythonには標準で「**tkinter**」（ティーケイ・インター）というGUIツールキットが付属しているので、本書ではこれを使います。

MEMO

ほかに有名なGUIツールキットとして「wxPython」があります。

tkinterを使ってウィンドウを表示する最も簡単なプログラムを、**example06-02-01.py**に示します。IDLEでファイルを新規作成して、記述してみましょう。

List example06-02-01.py

```
1  import tkinter as tk
2
3  root = tk.Tk()          ウィンドウを作る
4  root.mainloop()         ウィンドウを表示する
```

tkinterを使うには、tkinterをインポートします。

```
import tkinter as tk
```

「as tk」としたのは、これ以降tkinterを省略表記するためです。「as」というのは、それを「指定した別名で使う」という意味です。この例だと、これ以降「tk」という表記で「tkinter」を使っていきますよ、という意味になります（詳しくは、下記コラムを参照）。

COLUMN        

「as」の意味

「as」は、それを別名表記するときに使います。今回は、

```
import tkinter as tk
```

と書いているので、これ以降、

```
root = tk.Tk()
```

のように「tk.」と記述できます。もし、

```
import tkinter
```

のように「as」を使わない場合は、この部分は、

```
root = tkinter.Tk()
```

のようにフルネームで記述する必要があります。つまり、「as」は省略表記できる構文です。もちろん「tk」である必要はなく、

```
import tkinter as t
```

のように記述すれば、もっと短く、

```
root = t.Tk()
```

のように「t.」と記述できます。

tkinterでは、**オブジェクト**という仕組みを使ってウィンドウを操作します。オブジェクトについて詳しくは**Chapter 7**で説明しますが、簡単に言うと、部品のことです。

オブジェクトには**「メソッド（method）」**と呼ばれる関数があり、それを実行することで、さまざまな操作ができます。

ウィンドウ操作するには、まずは、ウィンドウを操作するオブジェクトを作るところから始めなければなりません。その操作が、4行目にある次の文です。

書式 **ウィンドウを作る**

```
root = tk.Tk()
```

こうすることで、tkinterを操作するオブジェクトが作られ、そのオブジェクトが変数rootに代入されます。言い換えると、この変数rootを通じて、さまざまなウィンドウ操作ができるようになります。

作成したウィンドウを表示するには、mainloopというメソッドを実行します。

書式 **ウィンドウを表示する**

```
root.mainloop()
```

すると、**図6-2-1**のようにウィンドウが表示されます。

MEMO

変数名は任意です。たとえば、「r = tk.TK()」のように変数rに代入しておき、「r.mainloop()」などとすることもできます。

図6-2-1 実行結果

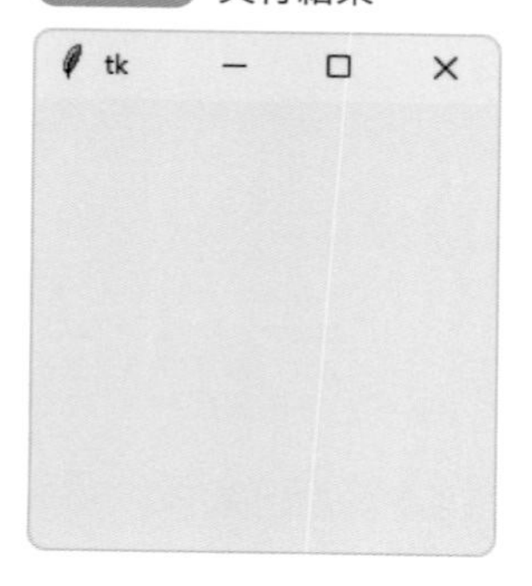

少し分かりにくいかもしれませんが、

```
root = tk.Tk()
root.mainloop()
```

この2行は、tkinterで**ウィンドウを表示するときの決まり文句**です。

この処理の流れを、**図6-2-2**に示します。つまりtkinterはウィンドウを作り、それを変数rootが指している状態です。

書式 ウィンドウに命令を与える

```
root.やりたい操作()
```

従って上記の書式のように、root変数に対して「.やりたい操作()」を記述すると、そのウィンドウに命令を与えることができるというわけです。

図6-2-2 tkinterでウィンドウを作る流れ

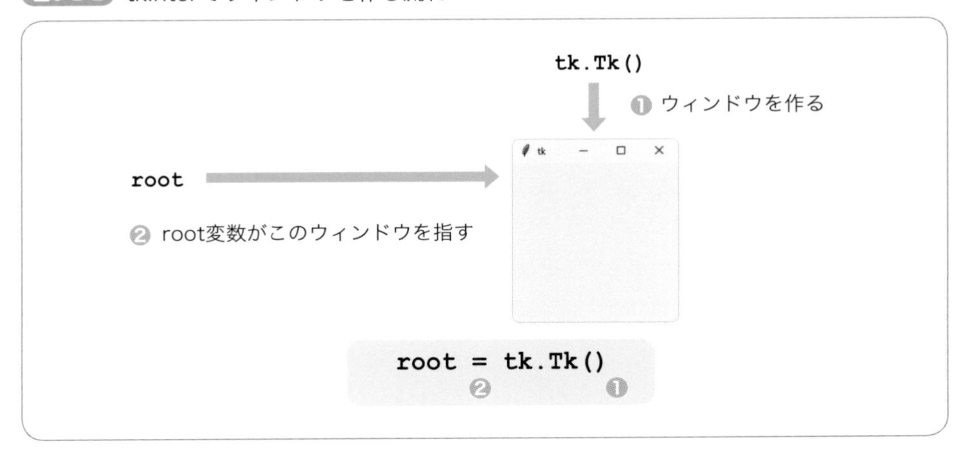

ウィンドウサイズを変更してみよう

ウィンドウサイズを変更するには、**geometry**というメソッドを使います。geometryメソッドには「横の幅×高さ」を文字列で設定します。例えば「400×150（ピクセル）」に変更したいのであれば、次のようにします。

書式 geometryメソッドの使用例

```
root.geometry("400x150")
```

ここで注意が必要なのは、「×」（かける）のマークではなく小文字の「x」（エックス）を使う点です。前のプログラムに追記して**example06-02-02.py**と保存して実行すると、幅400、高さ150の大きさのウィンドウに変わります（**図6-2-3**）。

List example06-02-02.py

```
1 import tkinter as tk
2 
3 root = tk.Tk()
4 root.geometry("400x150") ── 修正か所
5 root.mainloop()
```

図6-2-3 ウィンドウサイズを400×150にした

ウィンドウのタイトルを設定してみよう

次にこのウィンドウのタイトルを変更してみましょう。タイトルを変更するには、**titleメソッド**を実行します。例えば次のように、「.title("数当てゲーム")」と記述すると、タイトルが「数当てゲーム」に変わります（**図6-2-4**）。前のプログラムにこの行を追記して、**example06-02-03.py**で別名保存し、実行してみましょう。

書式 titleメソッドの使用例

```
root.title("数当てゲーム")
```

List example06-02-03.py

```
1 import tkinter as tk
2
3 root = tk.Tk()
4 root.geometry("400x150")
5 root.title("数当てゲーム")  ← 修正か所
6 root.mainloop()
```

図6-2-4 タイトルを「数当てゲーム」に変更した

Lesson 6-3

プレイヤーに対するラベルと入力欄の配置

メッセージと入力欄を配置しよう

次はウィンドウに「数を入力してね」という文字を表示し、ユーザーが4桁の数字を入力できる入力欄を作っていきます。

ウィンドウの好きな場所に文字を表示したり入力したりする方法を学びます

メッセージを配置する

まずは「数を入力してね」というメッセージをウィンドウに貼り付けてみましょう。

こういったメッセージを「**ラベル（label）**」と言います。ラベルは次のように、**Labelメソッド**を実行することで作成します。ここでは作成したラベルを「label1」という変数に代入しています。また、tkinterをtkと省略しているのは先述の通りです。

書式 **Labelメソッドの使用例**

```
label1 = tk.Label(root, text="数を入力してね")
```

括弧のなかに指定している1つめの値「root」は、ラベルを貼り付ける対象となるウィンドウです。そして「text=""」の部分が表示したいメッセージです。

MEMO

Labelメソッドには、ほかにもフォントなどを指定できますが、ここでは省略しています。

ラベルを作成したら、ウィンドウに配置します。配置方法はいくつかありますが、比較的分かりやすいのが、次のように**placeメソッド**を実行する方法です。

書式 **placeメソッドの使用例**

```
label1.place(x = 20, y = 20)
```

placeメソッドでは、括弧のなかに、「(x＝x座標,y＝y座標)」という形で、配置する座標を指定します。この例では、x座標が20、y座標が20の位置に配置しています。これらの2行を前Lessonで作成したプログラムに追記して、**example06-03-01.py**と別名保存して実行すると**図6-3-1**に示す結果となります。

なお、Pythonのtkinterでは、ウィンドウの表示エリア（これをクライアント領域と言います）の左上が「(0,0)」で、右下に向けて延びる座標系です（**図6-3-2**）。

List example06-03-01.py

```
1  import tkinter as tk
2
3  root = tk.Tk()
4  root.geometry("400x150")
5  root.title("数当てゲーム")
6
7  label1 = tk.Label(root, text="数を入力してね")
8  label1.place(x = 20, y = 20)
9
10 root.mainloop()
```

修正か所

図6-3-1 ラベルを配置したところ

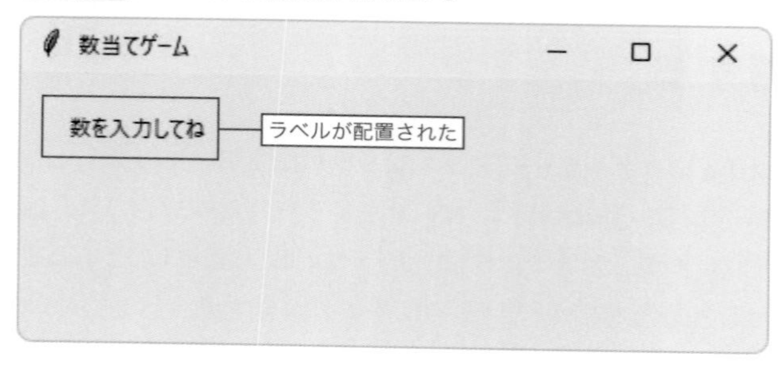

図6-3-2 Pythonの座標系

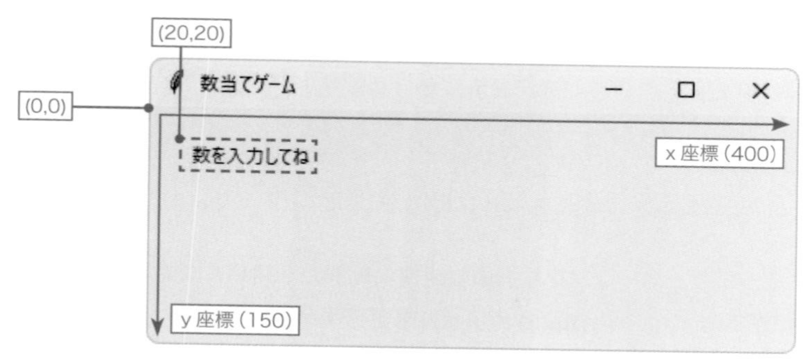

入力欄を配置する

同様に、テキストの入力欄もウィンドウに配置してみましょう。

テキストの入力欄は、tkinterでは「**エントリー(Entry)**」と呼ばれます。次のように**Entryメソッド**を実行すると、エントリー、つまりテキスト入力欄を作ることができます。

書式 **Entryメソッドの使用例**

```
editbox1 = tk.Entry(width = 4)
```

括弧に指定している「(width = 4)」というのは、このテキストの入力欄の幅です。今回は数字4つを入力させるので、4文字分の入力欄があれば良いため、このように「(width = 4)」を指定しています。ここでは、作成したEntryを「editbox1」という変数に代入しています。

MEMO

Entryメソッドには、ほかにもフォントなどを指定できますが、ここでは省略しています。

作成したらplaceメソッドを使って配置します。これは先ほどのラベルを配置する方法と同じです。

```
editbox1.place(x = 120, y = 20)
```

前のプログラムに上記2行を追記して**example06-03-02.py**として別名保存し、実際に実行すると**図6-3-3**のように入力欄が配置されます。

List example06-03-02.py

```
1   import tkinter as tk
2
3   root = tk.Tk()
4   root.geometry("400x150")
5   root.title(" 数当てゲーム ")
6
7   label1 = tk.Label(root, text=" 数を入力してね ")
8   label1.place(x = 20, y = 20)
9
10  editbox1 = tk.Entry(width = 4)
11  editbox1.place(x = 120, y = 20)
12
13  root.mainloop()
```

修正か所（10〜11行目）

図6-3-3 入力欄を付けたところ

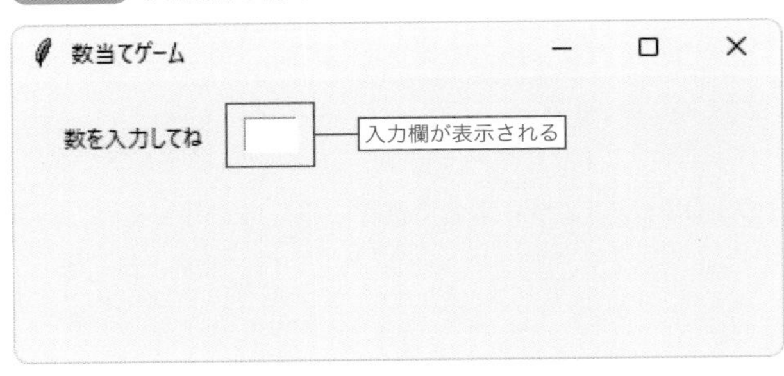

フォントの種類とサイズを変える

図6-3-3の入力欄を見ると分かるように、フォントが小さくてバランスが悪いです。そこでフォントのサイズを変更しましょう。やり方は、Labelメソッドの一番後ろに「**font=("フォント名", フォントサイズ)**」という引数を追加します。例えば、次のようにします。

```
label1 = tk.Label(root, text="数を入力してね", font=("Helvetica",
14))
```

この例だと「Helvetica」というフォントで、「14ポイント」というサイズを指定したことになります。

MEMO

ポイントはサイズの単位で、1ポイントは約0.35mmです。画面上で、実際にどのぐらいの大きさになるのかは環境によって異なります。

指定できるフォントは、標準では次の3種類です。

- **Times (明朝体っぽいもの)**
- **Helvetica (ゴシック体っぽいもの)**
- **Courier (等幅のタイプライタのようなもの)**

これ以外に、「MSゴシック」などパソコンにインストールされているフォントを指定することもできます（コラム「利用できるフォント一覧を取得する」➡P.163を参照）。

MEMO

フォント名は大文字、小文字、全角、半角、空白の有無などを区別するので注意してください。

ここではエントリー（テキスト入力欄）も、次のように変更してみました。

```
editbox1 = tk.Entry(width = 4, font=("Helvetica", 28))
```

フォントサイズを変更した場合、そのままの位置だと文字同士が重なるので、placeメソッドで指定するX座標、Y座標も変更します。

具体的に、**example06-03-03.py**のように別名で保存し直して実行すると、結果は、**図6-3-4**のようになります。

List example06-03-03.py

```
import tkinter as tk

root = tk.Tk()
root.geometry("400x150")
root.title("数当てゲーム")

label1 = tk.Label(root, text="数を入力してね", font=("Helvetica", 14))
label1.place(x = 20, y = 20)

editbox1 = tk.Entry(width = 4, font=("Helvetica", 28))
editbox1.place(x = 120, y = 60)

root.mainloop()
```

修正か所（7行目 font=("Helvetica", 14)）

修正か所（10行目 font=("Helvetica", 28)）

図6-3-4 フォントサイズの変更と入力欄の座標を修正したところ

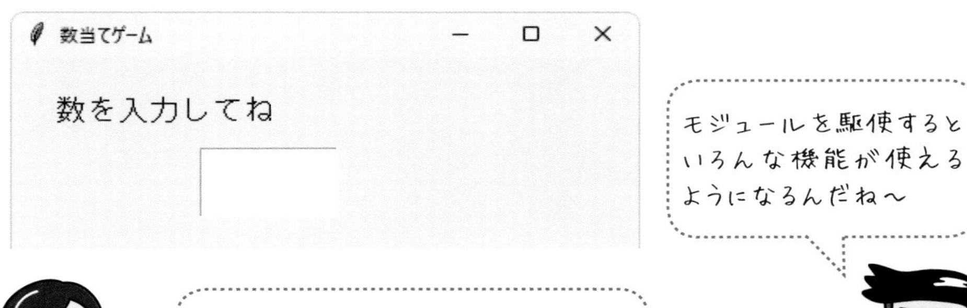

COLUMN

利用できるフォント一覧を取得する

利用できるフォント一覧を取得するには、たとえば、次のプログラムを実行します。

List example06-03-04.py

```
import tkinter as tk
for f in tk.Tk().call("font","families"):
    print(f)
```

Lesson 6-4

関数をうまく使いましょう

ボタンが押されたときにメッセージを表示しよう

入力された数字をチェックするためのボタンを配置してみましょう。さらに、ボタンがクリックされたときにメッセージを表示できるようにします。

ボタンも同じように配置できるんですか？

そうです。でもクリックされたときに何かしたいなら、関数を作らなければなりません

やりたいことは関数にまとめるんですね

ボタンを配置する

ボタンを配置する方法はラベルやエントリーと同様です。

Buttonメソッドを利用し、次のようなプログラムを作ります。括弧のなかの引数「root」はボタンを配置する対象となるウィンドウ、「text = ""」はボタンに表示する文字、つまりボタン名です。「font」以下の引数で、フォントを「Helvetica」に、サイズを14ポイントとしました。また、作成したボタンを「button1」という変数に代入しています。

書式 **Buttonメソッドの使用例**

```
button1 = tk.Button(root, text = " チェック ", font=("Helvetica",
14))
```

作成したら**placeメソッド**を使って、指定した座標に配置します。ここでは、x 座標が220、y 座標が60の位置に配置してみました。これら2行を前Lessonで作成したプログラムに追記して、**example06-04-01.py**と保存して実行すると、**図6-4-1**のようにボタンがテキスト入力欄（エントリー）の右側に表示されるのが分かります。

```
button1.place(x = 220, y = 60)
```

List example06-04-01.py

```
1  import tkinter as tk
2
3  root = tk.Tk()
4  root.geometry("400x150")
5  root.title("数当てゲーム")
6
7  label1 = tk.Label(root, text="数を入力してね", font=("Helvetica"
   , 14))
8  label1.place(x = 20, y = 20)
9
10 editbox1 = tk.Entry(width = 4, font=("Helvetica", 28))
11 editbox1.place(x = 120, y = 60)
12
13 button1 = tk.Button(root, text = "チェック", font=("Helveti
   ca", 14))
14 button1.place(x = 220, y = 60)
15
16 root.mainloop()
```

修正か所

図6-4-1 ボタンを配置したところ

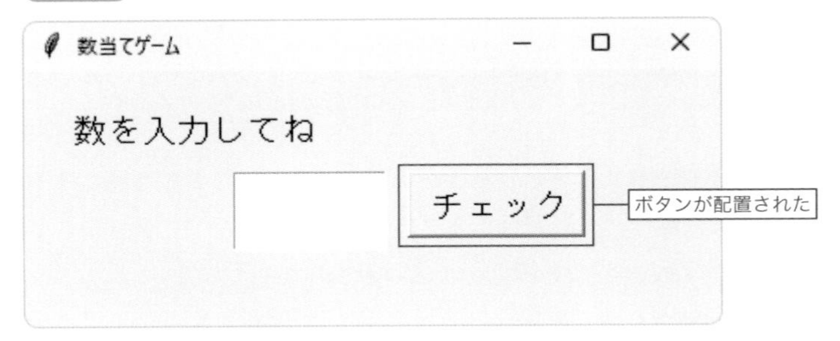

クリックされたときに実行される関数を結びつける

現状、これだけではボタンが配置されただけで、クリックしても何も起こりません。

クリックされたときに何かプログラムを実行するためには、その実行する部分をあらかじめ関数として作っておき、クリックされたときにそれを実行するように設定します。

❶ クリックされたときに実行する関数を作る

まずは、ボタンがクリックされたときに実行する関数を作ります（関数の作り方➡P.102参照）。たとえば、次のようなButtonClickという名前の関数を作ります。

```
def ButtonClick()
    …ここに好きな処理を書く…
```

❷ボタンがクリックされたときに❶の関数を実行するように結びつける

次に、❶で作った関数を、ボタンがクリックされたときに実行するように結びつけます。それには、ボタンを作るときのButtonメソッドに「**command=関数名**」という引数を追加します。つまり、❶のようにButtonClickという関数を実行したいのなら、次のように記述します。

```
button1 = tk.Button(root, text = "チェック", font=("Helvetica",
14), command=ButtonClick)
```

実行したい関数名を書く

すると、**図6-4-2**のように結びつけられ、クリックされたときに「ButtonClick」という関数が実行されるようになります。

図6-4-2 クリックされたときに実行したい関数を指定する

```
button1 = tk.Button(root, text = "チェック",
            font=("Helvetica", 14), command=ButtonClick)
```

クリックされたときにこの関数を実行するための指定

```
def ButtonClick()
```

クリックされたときの処理を書いておく

この図のように、「クリックされたときに、あらかじめ作っておいた関数を実行するように結びつける」というように、「動作」と「実行するプログラム」を結びつけるプログラミング手法を「**イベントドリブン（event-driven）**」と言います。

「イベント」というのは「動作」や「事象」のことで、「何か事象が起きた」ことを示します。ここでの「クリック」は、代表的なイベントの1つです。ほかにも、「ダブルクリックされた」「右クリックされた」「キー入力された」「マウスが動いた」「一定時間が経過した」など、さまざまなイベントがあります。

メッセージを表示してみよう

これで、ボタンがクリックされたときに、ButtonClick関数が実行されるようになりました。

```
def ButtonClick()
    …ここに好きな処理を書く…
```

ButtonClick関数で、何を処理してもかまいませんが、ここでは、画面にちょっとしたメッセージを表示してみたいと思います。

メッセージを表示するには「tkinter」の「**messagebox**」というパッケージに含まれる関数を使います。まず次のように記述して、「tkinter.messagebox」を読み込みます。「messagebox」という名前は長いので、ここでは「as」を使って、「tmsg」という名前で参照できるようにしました。もちろん名前はどんなものでも構いません。

```
import tkinter.messagebox as tmsg
```

「tkinter」の「messagebox」には、**表6-4-1**に示す関数があり、さまざまな方法でメッセージを表示できます。ここでは、情報を表示するための**showinfo関数**を使ってメッセージを表示してみたいと思います。

MEMO

showinfo、showwarning、showerrorの違いは、画面に表示されるときのアイコンの違いです。

表6-4-1 tkinter.messageboxの関数

関数	意味
showinfo	情報を表示する
showwarning	警告を表示する
showerror	エラーを表示する
askquestion	文字入力できるテキストボックスを持つメッセージを表示する
askokcancel	[OK]と[キャンセル]の2つのボタンを持つメッセージを表示する
askyesno	[はい]と[いいえ]の2つのボタンを持つメッセージを表示する
askretrycancel	[再試行]と[キャンセル]の2つのボタンを持つメッセージを表示する

showinfo関数の書式は、次の通りです。

書式 **showinfo関数**

```
tmsg.showinfo("タイトル", "表示したい文字")
```

そこで、ButtonClick関数を次のように定義します。

```
def ButtonClick():
    tmsg.showinfo("テスト", "クリックされたよ")
```

ここまで作成した関数を前のプログラムに追記し、**example06-04-02.py**と別名保存したのが次のページのプログラムです。実際に実行すると、ボタンをクリックしたときに、「テスト」というタイトルで「クリックされたよ」というメッセージが表示されるのが分かります（**図6-4-3**）。

List example06-04-02.py

```
1  import tkinter as tk
2  import tkinter.messagebox as tmsg
3
4  # ボタンがクリックされたときの処理
5  def ButtonClick():
6      tmsg.showinfo("テスト", "クリックされたよ")
7
8  # メインのプログラム
9  root = tk.Tk()
10 root.geometry("400x150")
11 root.title("数当てゲーム")
12
13 label1 = tk.Label(root, text="数を入力してね",
14 font=("Helvetica", 14))
15 label1.place(x = 20, y = 20)
16
17 editbox1 = tk.Entry(width = 4, font=("Helvetica", 28))
18 editbox1.place(x = 120, y = 60)
19
20 button1 = tk.Button(root, text = "チェック", font=("Helvetica",
   14), command=ButtonClick)
21 button1.place(x = 220, y = 60)
22
23 root.mainloop()
```

messageboxパッケージを読み込む

クリックされたときにメッセージを表示

クリックされたときにこの関数を実行するための指定

図6-4-3 クリックしたときに表示されるメッセージ

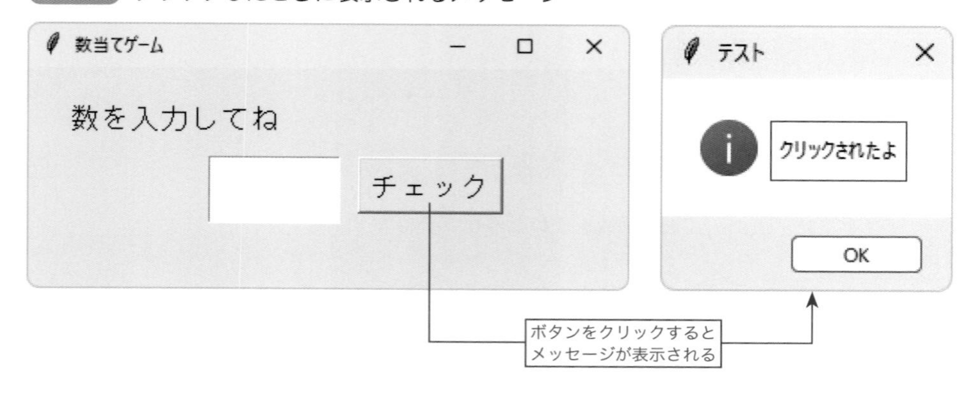

Lesson 6-5 プログラムをウィンドウ版に移植していきます

ヒット＆ブローの当たり判定を組み込もう

ここまでで、ウィンドウに関する説明はほぼ終えました。では、実際に、Chapter 5で作ったヒット&ブローの処理をウィンドウのプログラムにコピーしましょう。

いよいよウィンドウ版の移植作業ですね！

ある程度コピペで対応できますが、プログラムの調整ももちろん必要になってきます

入力されたテキストの値を取得する

はじめに知らなければいけないのは、ウィンドウに配置したテキスト入力欄、つまりエントリーの部分に入力されたテキストを取得する方法です。

入力されたテキストは、**getメソッド**を使うと取得できます。ここまでのプログラムでは、次のようにテキスト入力欄を「editbox1」という変数に代入しています。

```
editbox1 = tk.Entry(width = 4, font=("Helvetica", 28))
editbox1.place(x = 120, y = 60)
```

ですから次のようにeditbox1に対してgetメソッドを実行すると、この入力欄に入力されたテキストを取得できます。

書式 **getメソッド**

```
editbox1.get()
```

実際に確認してみましょう。前に作成した**example06-04-02.py**のButtonClick関数を次のように変更し、**example06-05-01.py**で別名保存して実行します。

```
def ButtonClick():
    # テキスト入力欄に入力された文字列を取得
    b = editbox1.get()
    # メッセージとして表示する
    tmsg.showinfo(" 入力されたテキスト ", b)
```

すると、[チェック] ボタンをクリックしたときに、「入力されたテキスト」というタイトルで、「テキストボックスに入力されているテキスト」が表示されるはずです（**図6-5-1**）。

図6-5-1 テキストボックスに入力した内容を表示する例

List example06-05-01.py

```
1  import tkinter as tk
2  import tkinter.messagebox as tmsg
3
4  # ボタンがクリックされたときの処理
5  def ButtonClick():
6      # テキスト入力欄に入力された文字列を取得
7      b = editbox1.get()
8      # メッセージとして表示する
9      tmsg.showinfo("入力されたテキスト", b)
10
11 # メインのプログラム
12 # ウィンドウを作る
13 root = tk.Tk()
14 root.geometry("400x150")
15 root.title("数当てゲーム")
16
17 # ラベルを作る
18 label1 = tk.Label(root, text="数を入力してね", font=("Helvetica",
   14))
19 label1.place(x = 20, y = 20)
20
21 # テキストボックスを作る
22 editbox1 = tk.Entry(width = 4, font=("Helvetica", 28))
23 editbox1.place(x = 120, y = 60)
24
   # ボタンを作る
25 button1 = tk.Button(root, text = "チェック", font=("Helvetica",
   14), command=ButtonClick)
26 button1.place(x = 220, y = 60)
27
28 # ウィンドウを表示する
29 root.mainloop()
```

修正か所（6〜9行目）

分かりやすくコメントを追記

ヒット&ブローの値判定を作る

ここまでできれば、あとは、**Lesson 5-5**で作成した**example05_05_01.py**（➡P.147参照）のヒット&ブローの処理をコピーすればよいだけです。関数の処理のうち、以下の部分には「変数bにユーザーが入力した値」が格納されています。

```
def ButtonClick():
    # テキスト入力欄に入力された文字列を取得
    b = editbox1.get()
```

これは**Lesson 5-5**で作成した**example05_05_01.py**でも、変数bに入れていたので、

```
while True :
    b = input(" 数を入れてね >")
```

これをそのままコピー&ペーストし、プログラムを調整すればよいのです（**図6-5-2**）。

図6-5-2 ボタンがクリックされたときにヒット&ブローの判定を追加する

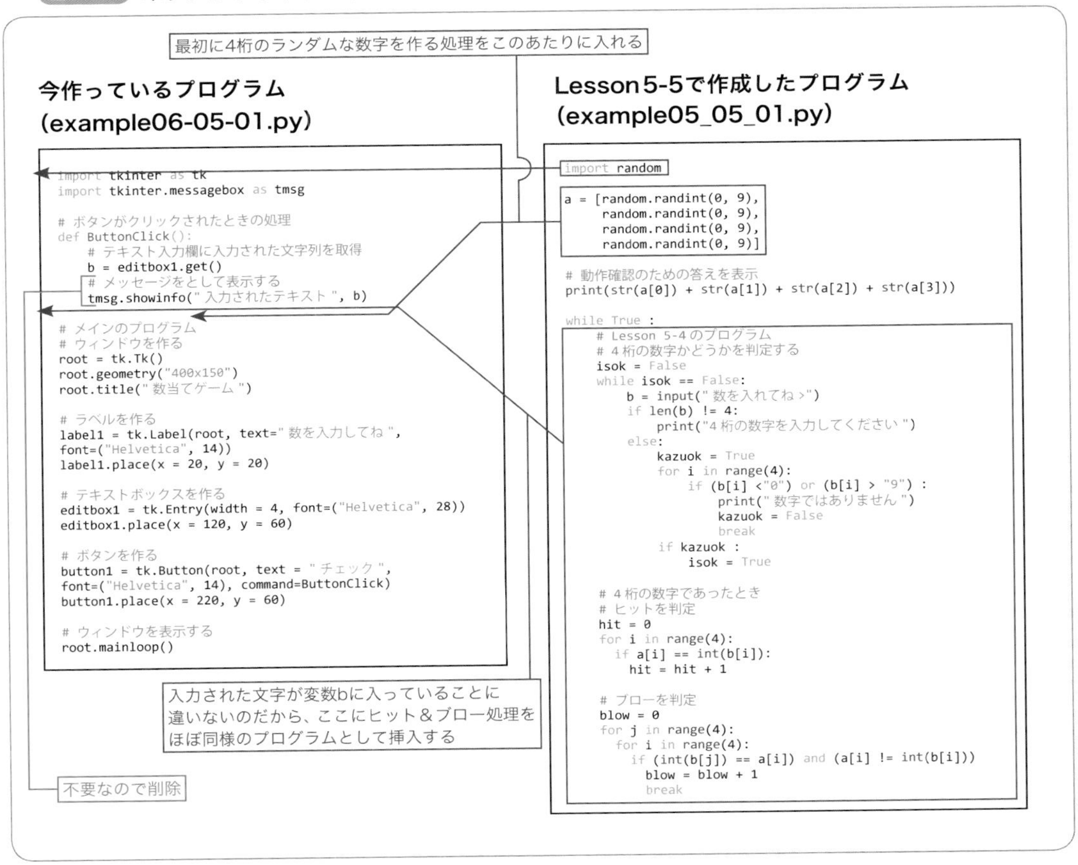

最初に4桁のランダムな数字を作る処理をこのあたりに入れる

今作っているプログラム(example06-05-01.py)

```
import tkinter as tk
import tkinter.messagebox as tmsg

# ボタンがクリックされたときの処理
def ButtonClick():
    # テキスト入力欄に入力された文字列を取得
    b = editbox1.get()
    # メッセージをとして表示する
    tmsg.showinfo(" 入力されたテキスト ", b)

# メインのプログラム
# ウィンドウを作る
root = tk.Tk()
root.geometry("400x150")
root.title(" 数当てゲーム ")

# ラベルを作る
label1 = tk.Label(root, text=" 数を入力してね ",
font=("Helvetica", 14))
label1.place(x = 20, y = 20)

# テキストボックスを作る
editbox1 = tk.Entry(width = 4, font=("Helvetica", 28))
editbox1.place(x = 120, y = 60)

# ボタンを作る
button1 = tk.Button(root, text = " チェック ",
font=("Helvetica", 14), command=ButtonClick)
button1.place(x = 220, y = 60)

# ウィンドウを表示する
root.mainloop()
```

入力された文字が変数bに入っていることに違いないのだから、ここにヒット&ブロー処理をほぼ同様のプログラムとして挿入する

不要なので削除

Lesson5-5で作成したプログラム(example05_05_01.py)

```
import random

a = [random.randint(0, 9),
     random.randint(0, 9),
     random.randint(0, 9),
     random.randint(0, 9)]

# 動作確認のための答えを表示
print(str(a[0]) + str(a[1]) + str(a[2]) + str(a[3]))

while True :
    # Lesson 5-4 のプログラム
    # 4 桁の数字かどうかを判定する
    isok = False
    while isok == False:
        b = input(" 数を入れてね >")
        if len(b) != 4:
            print("4 桁の数字を入力してください ")
        else:
            kazuok = True
            for i in range(4):
                if (b[i] <"0") or (b[i] > "9") :
                    print(" 数字ではありません ")
                    kazuok = False
                    break
            if kazuok :
                isok = True

    # 4 桁の数字であったとき
    # ヒットを判定
    hit = 0
    for i in range(4):
      if a[i] == int(b[i]):
        hit = hit + 1

    # ブローを判定
    blow = 0
    for j in range(4):
      for i in range(4):
        if (int(b[j]) == a[i]) and (a[i] != int(b[i]))
          blow = blow + 1
          break
```

最初に「4桁のランダムな数を設定する」などの処理を加えたり、「当たったときに終了する」などの細かい調整を加えると、全体のプログラムは、**example06-05-02.py**のようになります。実際に実行すると、この時点で、当たるかどうかを判定して遊べます。

List example06-05-02.py

```
1  import random                                         コピーした部分
2  import tkinter as tk
3  import tkinter.messagebox as tmsg
4
5  # ボタンがクリックされたときの処理
6  def ButtonClick():
7      # テキスト入力欄に入力された文字列を取得
8      b = editbox1.get()                                コピーしたプログラムを調整
9
10     # Lesson 5-4 のプログラムから判定部分を拝借
11     # 4桁の数字かどうかを判定する
12     isok = False
13     if len(b) != 4:
14         tmsg.showerror("エラー", "4桁の数字を入力してください")
15     else:
16         kazuok = True
17         for i in range(4):
18             if (b[i] <"0") or (b[i] > "9") :
19                 tmsg.showerror("エラー", "数字ではありません")
20                 kazuok = False
21                 break
22         if kazuok :
23             isok = True
24
25     if isok :
26         # 4桁の数字であったとき
27         # ヒットを判定
28         hit = 0
29         for i in range(4):
30           if a[i] == int(b[i]):
31             hit = hit + 1
32
33         # ブローを判定
34         blow = 0
35         for j in range(4):
36           for i in range(4):
37             if (int(b[j]) == a[i]) and (a[i] != int(b[i]))
38               blow = blow + 1
39               break
40
41         # ヒットが4なら当たりで終了
42         if hit == 4:
43             tmsg.showinfo("当たり", "おめでとうございます。当たりです")
44             # 終了
45             root.destroy()
```

（次ページへ続く）

(前ページの続き)

```
46	        else:
47	            # ヒット数とブロー数を表示
48	            tmsg.showinfo("ヒント", "ヒット " + str(hit) + 
"/" + "ブロー " + str(blow))
49	
50	# メインのプログラム
51	# 最初にランダムな4つの数字を作成しておく
52	a = [random.randint(0, 9),
53	     random.randint(0, 9),
54	     random.randint(0, 9),
55	     random.randint(0, 9)]
56	
57	# ウィンドウを作る
58	root = tk.Tk()
59	root.geometry("400x150")
60	root.title("数当てゲーム")
61	
62	# ラベルを作る
63	label1 = tk.Label(root, text="数を入力してね", font=("Helvetica", 
14))
64	label1.place(x = 20, y = 20)
65	
66	# テキストボックスを作る
67	editbox1 = tk.Entry(width = 4, font=("Helvetica", 28))
68	editbox1.place(x = 120, y = 60)
69	
70	# ボタンを作る
71	button1 = tk.Button(root, text = "チェック", font=("Helvetica", 
14), command=ButtonClick)
72	button1.place(x = 220, y = 60)
73	
74	# ウィンドウを表示する
75	root.mainloop()
```

ウィンドウ向けに新たに調整した部分(下記解説を参照)

コピーしたプログラム(コメントを追記)

ウィンドウを閉じる操作

ここまでで、まだ説明していないのは42行目の当たったときにゲームを終了する操作です。当たったときには、次のようにしています。

```
# ヒットが4なら当たりで終了
if hit == 4:
    tmsg.showinfo("当たり", "おめでとうございます。当たりです")
    # 終了
    root.destroy()
```

プログラムが終了する

このように**destroyメソッド**を実行すると、ウィンドウが破棄され、プログラムが終了します。

Lesson 6-6

もっと遊びやすいゲームにするために

履歴を表示しよう

これで一通りゲームは遊べるようになりました。しかし、当たったかどうかをメッセージボックスでそのつど表示するだけだと、過去にどのような値を入力していて、その値のどれがヒットでどれがブローなのかが分からないので、ゲームとしては、とても遊びにくいものになっています。
この問題を改善するために、過去に入力した履歴をウィンドウに表示するようにしていきましょう。

最初の設計通り、あとは履歴の表示ですね

プレイヤーが混乱しないようにしたいですよね

遊びやすいゲームに改良していきましょう！

履歴を表示するテキストボックスを付ける

履歴の表示には、テキストボックスという部品を使います。しかし、今のウィンドウサイズでは、テキストボックスを入れるだけのスペースがありません。そこで、まずはウィンドウサイズを大きくしましょう。

先ほどまでに作成したexample06-05-02.pyでは、「# ウィンドウを作る」のところで

```
root.geometry("400x150")
```

のように、「400×150」のサイズだったものを、

```
root.geometry("600x400")
```

と、「600×400」に変更します。

そして広がった場所に、テキストボックスを作って配置します。引数には、「配置先のウィンドウ」と「フォント」を指定します。テキストボックスを作るには、**Textメソッド**を実行します。ここではフォントサイズを14ポイントにしました。

そして作ったテキストボックスを「rirekibox」という変数に代入しました。

書式 **Textメソッドの使用例**

```
rirekibox = tk.Text(root, font=("Helvetica", 14))
```

MEMO

Textメソッドには、ほかにも色や余白、折り返し幅などを指定できますが、ここでは省略しています。

作成したら、このテキストボックスを**example06-05-01.py**の「# ウィンドウを作る」の命令群の下に「# 履歴表示のテキストボックスを作る」とコメントを付けて追記します。さらに、これまで使ってきたラベルやエントリー、ボタンなどと同様に、placeメソッドを使って、ここでは、(400,0) の位置に、幅200、高さ400で追記します。

```
rirekibox.place(x=400, y=0, width=200, height=400)
```

（width=200：幅、height=400：高さ）

修正したプログラムは**example06-06-01.py（完成形）**の14行目、17〜19行目の部分です。これを実行すると、結果は**図6-6-1**のようにテキストボックスが配置されます。

図6-6-1 テキストボックスを配置する例

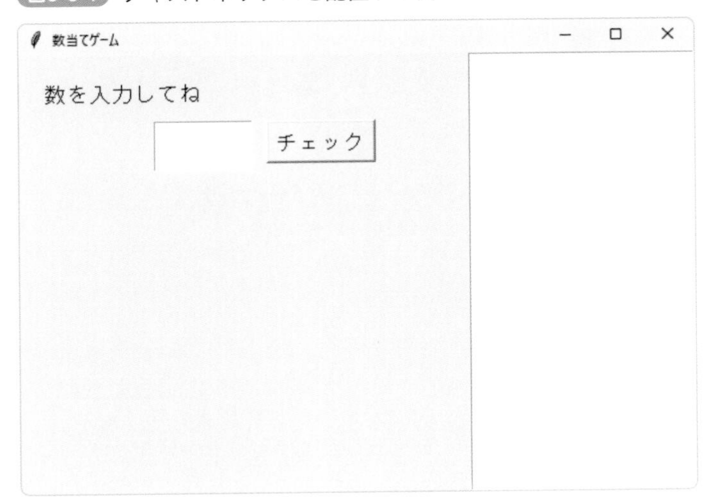

履歴を表示する

最後に、ヒット&ブローの判定結果をメッセージとしてでなく、このテキストボックスに表示し、履歴として残るようにします。

いままでのプログラムでは、判定結果を「# ヒット数とブロー数を表示」以下、

```
tmsg.showinfo("ヒント", "ヒット " + str(hit) + "/" + "ブロー " +
str(blow))
```

として、メッセージとして表示していたので、この部分を変更します。

テキストボックスに文字を追加するには、**insertメソッド**を使います。最初の引数に「tk.END」を指定すると、「末尾」に挿入できます。そこで、次のように書き換えます。

> **MEMO**
>
> ここではtkinterを「import tkinter as tk」のように「tk」という名前でインポートしているので「tk.END」です。他の名前でインポートした場合は、「その名前.END」となります。

```
rirekibox.insert(tk.END, b + " ／H:" + str(hit) + " B:" +
str(blow) + "\n")
```

上記のプログラムをまるごと書き換える

ここではヒットは「H:」、ブローは「B:」で表示するようにしました。実際に実行すると、**図6-6-2**のように、履歴が表示されます。

これでプログラムは完成です。

それでは、これまでに作ったプログラムを**example06-06-01.py（完成形）**にまとめておきます。**example06-05-01.py**を書き換えていた皆さんは、別名で保存しましょう。

図6-6-2 履歴を表示したところ

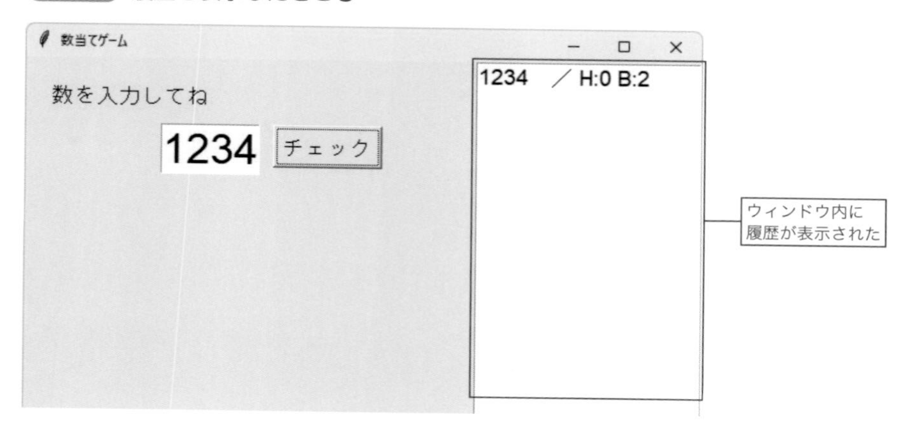

List example06-06-01.py（完成形）

```
1  import random
2  import tkinter as tk
3  import tkinter.messagebox as tmsg
4
5  # ボタンがクリックされたときの処理
6  def ButtonClick():
7      # テキスト入力欄に入力された文字列を取得
8      b = editbox1.get()
9
10     # Lesson 5-4 のプログラムから判定部分を拝借
11     # 4 桁の数字かどうかを判定する
12     isok = False
13     if len(b) != 4:
14         tmsg.showerror("エラー", "4 桁の数字を入力してください")
15     else:
16         kazuok = True
17         for i in range(4):
18             if (b[i] <"0") or (b[i] > "9") :
19                 tmsg.showerror("エラー", "数字ではありません")
20                 kazuok = False
21                 break
22         if kazuok :
23             isok = True
24
25     if isok :
26         # 4 桁の数字であったとき
27         # ヒットを判定
28         hit = 0
29         for i in range(4):
30           if a[i] == int(b[i]):
31             hit = hit + 1
32
33         # ブローを判定
34         blow = 0
35         for j in range(4):
36           for i in range(4):
37             if (int(b[j]) == a[i]) and (a[i] != int(b[i]))
38               blow = blow + 1
39               break
40
41         # ヒットが 4 なら当たりで終了
42         if hit == 4:
43             tmsg.showinfo("当たり", "おめでとうございます。当たりです")
44             # 終了
45             root.destroy()
46         else:
47             # ヒット数とブロー数を表示
```


（次ページへ続く）

（前ページの続き）

```
48                  rirekibox.insert(tk.END, b + " ／H:" + str(hit) 
   + " B:" + str(blow) + "\n")
49 
50 # メインのプログラム
51 # 最初にランダムな 4 つの数字を作成しておく
52 a = [random.randint(0, 9),
53      random.randint(0, 9),
54      random.randint(0, 9),
55      random.randint(0, 9)]
56 
57 # ウィンドウを作る
58 root = tk.Tk()
59 root.geometry("600x400")
60 root.title(" 数当てゲーム ")
61 
62 # 履歴表示のテキストボックスを作る
63 rirekibox = tk.Text(root, font=("Helvetica", 14))
64 rirekibox.place(x=400, y=0, width=200, height=400)
65 
66 # ラベルを作る
67 label1 = tk.Label(root, text=" 数を入力してね ", font=("Helvetica", 
   14))
68 label1.place(x = 20, y = 20)
69 
70 # テキストボックスを作る
71 editbox1 = tk.Entry(width = 4, font=("Helvetica", 28))
72 editbox1.place(x = 120, y = 60)
73 
74 # ボタンを作る
75 button1 = tk.Button(root, text = " チェック ", font=("Helvetica", 
   14), command=ButtonClick)
76 button1.place(x = 220, y = 60)
77 
78 # ウィンドウを表示する
79 root.mainloop()
```

履歴を表示する

ウィンドウサイズを変更

履歴表示のプログラムを追加

Chapter 7

クラスとオブジェクト

最近のプログラミングで欠かせないのが、「クラス」と「オブジェクト」を使ったプログラミング技法です。この技法を使うと、プログラムを部品化して、再利用しやすくなります。Chapter 7では、画面上で円が動くプログラムを作りながら、クラスとオブジェクトの基本を学んでいきましょう。

クラスとオブジェクトは少し難しいため、難しいと感じる人は、いったん読み飛ばしてChapter 8に進んでください。プログラミングに慣れてきた頃、じっくり取り組んでみても遅くはありません。

Lesson 7-1

クラスとオブジェクトを学ぶために

円が動くプログラムを作ります

Chapter 7では、「クラス」と「オブジェクト」の概念について、ウィンドウのなかで「円が動く」というプログラムを作りながら学習していきます。

オブジェクトを使うと、複数の円を動かしたり、描く形を変えるのも簡単になります

クリックした場所に円を表示する

最初は、クリックした場所に、円が軌跡のように表示されていくものを作ります（**図7-1-1**）。次に、前に描いた円を消すことで、軌跡ではなくクリックした場所に円が移動するように改良します。

図7-1-1 クリックした場所に円を描く

円が跳ねるようにする

次に、円が自動的に動くプログラムを作ります。

そのためにはまず、円が右方向に動くようにします。次に、その円がウィンドウの端に当たったら、反対方向に動くように改良します。そして、最後に左右だけでなく斜め方向にも動くようにしていきます（**図7-1-2**）。

たくさんの円を動かす

さらに、この円の数を増やして、同時に動くようにします。そのために、**リスト**を使って円を複数管理するという方法を取ります（**図7-1-3**）。

図7-1-2 自動的に動くようにする

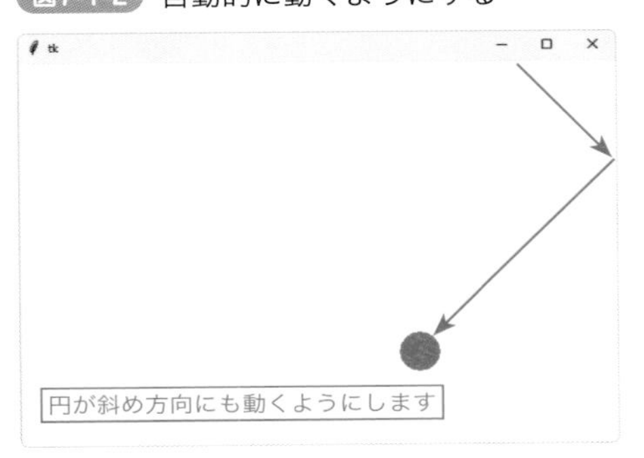

図7-1-3 たくさんの円を動かす

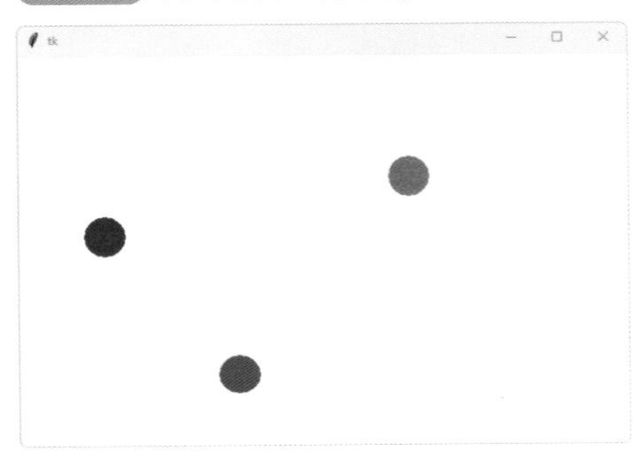

プログラムを組み替えて四角形や三角形も描けるようにする

最後にプログラムを書き換えて、円の他に四角形や三角形も描けるようにしていきます（**図7-1-4**）。そのために、Pythonの**クラス**や**オブジェクト**と呼ばれるプログラミング手法を使っていきます。

図7-1-4 四角形や三角形も動かす

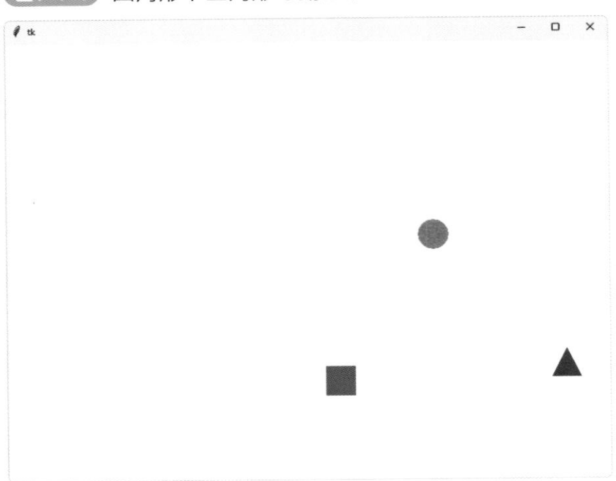

Lesson **7-2**

キャンバスの使い方を学びましょう

ウィンドウのなかに円を描こう

まずは、ウィンドウのなかに円を描く方法を説明します。tkinterでは、「キャンバス（Canvas）」を置いて、そこに必要な図形を描画します。

円を描いてみよう

円を描くプログラムを、**example07-02-01.py**に示します。実行した結果が**図7-2-1**で、背景色が白いウィンドウの中心に、黒い線で円が描かれているのが分かります。

List example07-02-01.py

```
1  import tkinter as tk
2
3  # ウィンドウを描く
4  root = tk.Tk()
5  root.geometry("600x400")
6
7  # Canvas を置く
8  canvas = tk.Canvas(root, width = 600, height = 400, bg="white")
9  canvas.place(x = 0, y = 0)
10
11 # 円を描く
12 canvas.create_oval(300 - 20, 200 - 20, 300 + 20, 200 + 20)
13
14 root.mainloop()
```

ウィンドウと同じ幅、高さ

背景は白

ウィンドウと重なる場所に配置する

20は半径

図7-2-1 円をウィンドウの中心に描く例

キャンバスを作る

まずは、ウィンドウを作ります。ウィンドウの作り方はLesson 6-2　Pythonでウィンドウを表示してみよう➡P.154で説明したとおりです。サイズは600×400ピクセルとし、作ったウィンドウはroot変数に代入しました。

```
root = tk.Tk()
root.geometry("600x400")
```

次に、このウィンドウの上に、キャンバスを重ねます。キャンバスは図形や画像を描画する仕組みです。

まずは、**Canvasメソッド**を実行して、キャンバスを作ります。ここでは、ウィンドウと同じ大きさにし、作成したキャンバスを「canvas」という名前の変数に代入しました（canvasという変数名は筆者が任意に決めたものであり、他の変数名でも構いません）。

最後の引数に指定している「bg」は背景色です。ここでは「white」として白にしました。

```
canvas = tk.Canvas(root, width = 600, height = 400, bg="white")
```

キャンバスを作成したら、placeメソッドを実行して、ウィンドウの左上（座標で言うと(0,0)）に配置します。

```
canvas.place(x = 0, y = 0)
```

ここまでのプログラムで、ウィンドウの上に、同じサイズのキャンバスが重なった状態になります（**図7-2-2**）。

図7-2-2 ウィンドウの状態

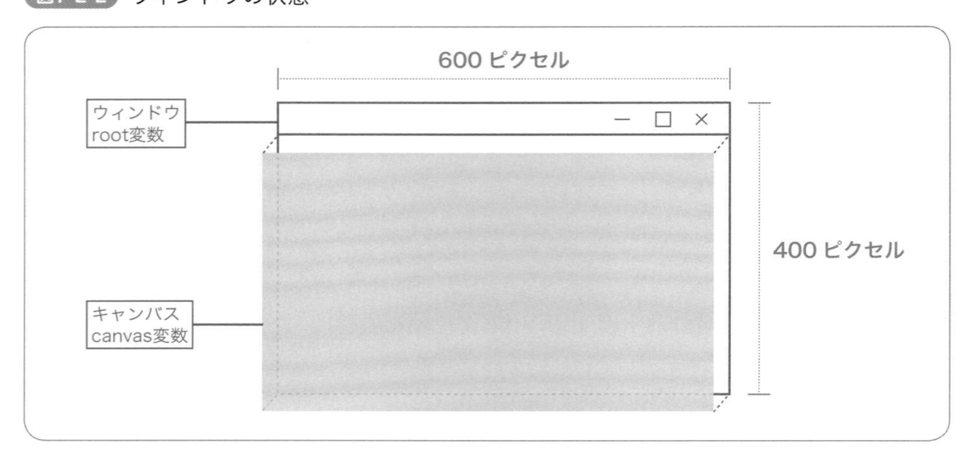

円を描画する

キャンバスのさまざまなメソッドを使うと、図形や画像を描画できます（**表7-2-1**）。

表7-2-1 Canvasに備わる描画のためのメソッド

メソッド	意味
create_arc(x1, y1, x2, y2, オプション)	弧を描く
create_bitmap(x, y, オプション)	ビットマップを描く
create_image(x, y, オプション)	画像を描く
create_line(x1, y1, x2, y2, オプション)	直線を描く
create_oval(x1, y1, x2, y2, オプション)	楕円または円を描く
create_polygon(x1, y1, x2, y2,…, オプション)	多角形を描く
create_rectangle(x1, y1, x2, y2, オプション)	四角形を描く
create_text(x, y, オプション)	テキストを描く

円を描くには、**「create_oval」**というメソッドを使います。このメソッドには、最低、4つの引数を指定します。

MEMO
あとで説明するように、4つ以上の引数を指定して、塗りや線の色などを指定することもできます。

最初の2つのペアが左上の座標、そして、次の2つのペアが右下の座標です。このメソッドを実行すると、その座標に収まるような楕円、もしくは円が描かれます。

example07-02-01.pyでは、次のようにしています。

```
canvas.create_oval(300 - 20, 200 - 20, 300 + 20, 200 + 20)
```

これによって、**図7-2-3**に示すように、「中心(300, 200)、半径20」の円が描かれます。

キャンバスは「width = 600, height = 400」のオプションを指定して、幅600ピクセル、高さ400ピクセルにしているので、ちょうどこれでキャンバスの中心に円が描かれることになります（キャンバスは、前掲の**図7-2-2**に示したように、ウィンドウの描画領域にぴったり重なっているので、これはウィンドウの描画領域の中心点でもあります）。

図7-2-3 create_ovalメソッドで円を描く

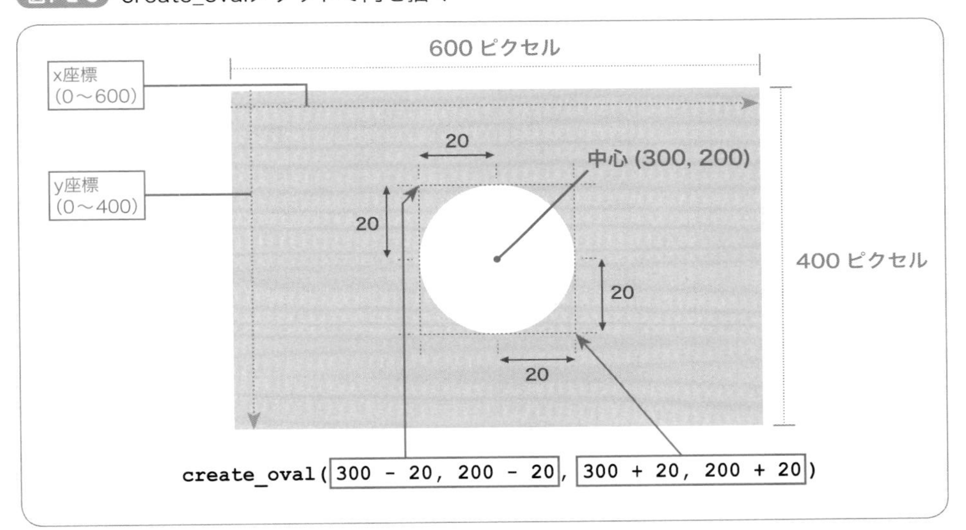

円の色を変えてみよう

create_ovalメソッドをはじめとする**表7-2-1**に示したメソッドは、「黒い線」「塗りなし」で描きます。もし、色を付けたいときや線幅を変えたいときは、width、outline、fillの各オプションを指定します。なお、線を描きたくないときはwidthを0に、塗りたくないときはfillをNoneに指定します。

- **width: 線の幅**
- **outline：線の色**
- **fill：塗りの色**

色は「red」「blue」「green」など、基本的な色を文字列として指定できます。

ここでは、「線なし（widthを0）」「赤色（fillを"red"）」にして、赤い円にしてみましょう。次のように変更すると、線なしで赤く塗られた円が描かれるようになります。

```
canvas.create_oval(300 - 20, 200 - 20, 300 + 20, 200 + 20,
fill="red", width=0)
```
修正か所

COLUMN

指定できる色

指定できる色の一覧は、以下のサイトに掲載されています。大文字・小文字の区別はありません。

▶ **https://www.tcl.tk/man/tcl8.6/TkCmd/colors.html**

それ以外に、「赤」「緑」「青」の三原色の色の濃さを「#RRGGBB」という表記で示すこともできます（RR=赤の濃さ、GG=緑の濃さ、BB=緑の濃さ)。それぞれ「00」～「FF」で指定します（**図7-2-A**)。

図7-2-A 色の濃さを「#RRGGBB」で指定する

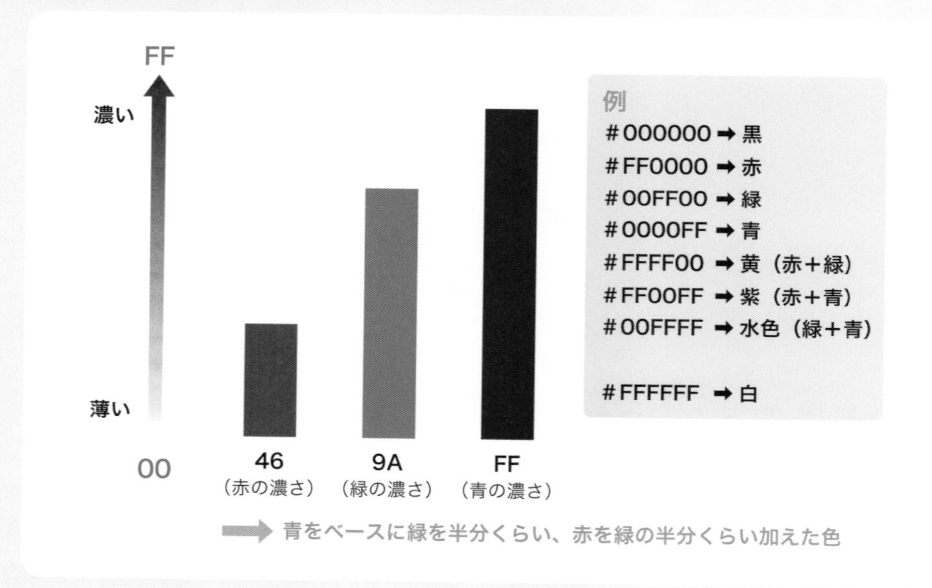

Lesson 7-3

消してから新しい場所に描きます

クリックした場所に円を動かしてみよう

次に、キャンバスをクリックしたときに、その場所に円が動くという仕組みを作っていきましょう。

クリックされたところに描画する

Lesson 6-4　ボタンが押されたときにメッセージを表示しよう➡P.164では、ボタンがクリックされたときに処理を記述するのに「**イベント(event)**」を用いました。同様に、キャンバスがクリックされたときの処理を記述したいときにもイベントを使います。しかし、その方法は、ボタンの場合と少し違います。

bindメソッドを使って実行したい関数を結びつける

ボタンの場合、「command=」に関数名を記述しました。たとえばLesson 6-4では、ボタンがクリックされたときに、ButtonClick関数を実行するために、次のようにしました。

```
button1 = tk.Button(root, text = " チェック ", font=("Helvetica",
14), command=ButtonClick)
```

クリックされたときに実行された関数

それに対してキャンバスの場合は、**bindメソッド**を使って、「イベント名」と「実行したい関数」とを結びつけます。

書式 **bindメソッド**

```
canvas.bind( イベント名 , 関数名 )
```

このようにbindメソッドを使うのは、キャンバスではクリック以外にもダブルクリックなど、その他のイベントもあるためです。

イベント名は、「キーの装飾」「イベント」「種類」をマイナス記号でつなげ、全体を「<」「>」で囲んだ書式で指定します（**図7-3-1**）。

図7-3-1 イベントの種類の書式

「キーの修飾」とは Shift Ctrl Alt など、一緒に押されたキーの状態を示します。必要ないときは（これらのキーが押されたことを判定する必要がないときは）、省略できます。「イベント」とはイベントの種別のこと（**表7-3-1**）、「種類」とは、ボタンやキーの種類です。「クリックされた」というイベントは、"<Button-1>"という文字列です。これは、「1番のマウスボタン（=左ボタン）が押下（=クリック）されたとき」という意味です。

表7-3-1 イベントの種別

イベント	意味
ButtonまたはButtonPress	押下（クリック）された。種類のところで「1」は左ボタン、「2」は右ボタン、「3」は中央ボタンを、それぞれ示す
ButtonRelease	ボタンが放された。種類のところの指定は上記と同じ
KeyまたはKeyPress	キーボードのキーが押下された。種類のところでキーの番号を指定する
KeyRelease	キーボードのキーが放された。種類のところの指定は上記と同じ
Enter	領域内にマウスポインタが入ってきた
Leave	領域内からマウスポインタが出て行った
Motion	領域内でマウスポインタが動いた

イベントの関数には座標などの情報が引数として渡される

たとえば、マウスの左ボタンでクリックされたときに「click」という名前の関数を実行したいのなら、次のように記述します。

```
canvas.bind("<Button-1>", click)
```

クリックされたときに、click関数が実行されるようになります（**図7-3-2**）。

MEMO

「click」というのは筆者が任意につけた名前です。関数名は好きなものでかまいません。

図7-3-2 クリックされたときにclick関数が実行されるように登録しておく

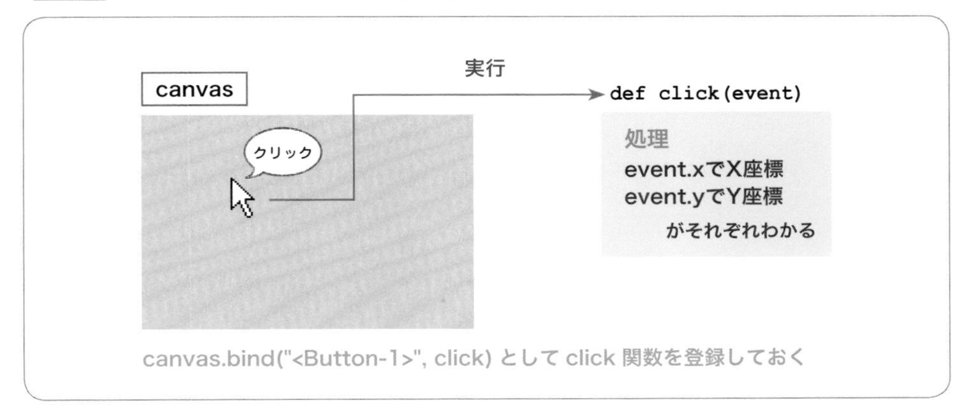

このときclick関数には、引数としてそのイベント発生時の情報が渡されます。

```
def click(event):
  …クリックされたときの処理をここに書く…
```

たとえば上記のように、「event」という引数として受け取る書式にしておきます。

MEMO

この「event」というのは、筆者が任意でつけた名前なので、ほかの「e」とか「evt」とか「a」とか「abc」とか、何でも構いません。たとえば「def click(e):」として定義した場合は、X座標は「e.x」、Y座標は「e.y」として取得できます。

eventには、クリックされたときの情報が渡されます。具体的には、

- **「event.x」がクリックされた場所のX座標**
- **「event.y」がクリックされた場所のY座標**

これらの座標をそれぞれ示します。そこで**create_ovalメソッド**を使って、この座標に円を描画すれば、クリックされた場所に円が描画されます。

```
canvas.create_oval(event.x - 20, event.y - 20, event.x + 20,
event.y + 20,  fill="red", width=0)
```

ここまで説明してきた内容を、まとめて作ったプログラムが**example07-03-01.py**です。実行すると、クリックした場所に円が次々と描画されていきます（**図7-3-3**）。

List example07-03-01.py

```
import tkinter as tk

def click(event):
    # クリックされたときにそこに描画する
    canvas.create_oval(event.x - 20, event.y - 20, event.x + 
20, event.y + 20,  fill="red", width=0)

# ウィンドウを描く
root = tk.Tk()
root.geometry("600x400")

# キャンバスを置く
canvas = tk.Canvas(root, width = 600, height = 400, bg="white")
canvas.place(x = 0, y = 0)

# イベントを設定する
canvas.bind("<Button-1>", click)

root.mainloop()
```

クリックされたx座標

クリックされたy座標

クリックされたときにclick関数が実行されるようにする

図7-3-3 example07-03-01.pyの実行結果

クリックされたところに移動する

次に、このようにクリックされたところに円が増えていくのではなくて、「クリックしたところに移動する」ように、動作を変えてみましょう。

そのためには、円を描くときに、「元々描かれていた円を消す」ようにします。

tkinterでは、円などを作成するときに、それを変数などに入れて保存しておき、あとで、**deleteメソッド**を呼び出すと、それを削除できます。

具体的には、まず、canvas.create_ovalメソッドを呼び出すときに、適当な変数、たとえば「mae」（前）などに、それを保存しておきます。

```
mae = canvas.create_oval(x - 20, y - 20, x + 20, y + 20, fill="red", width=0)
```

こうしておいて、あとで削除したくなったら、次のように、deleteメソッドを実行して削除します。

```
canvas.delete(mae)
```

実際に、プログラムとして記述したのが、**example07-03-02.py**です。実行すると、今度は軌跡は残らず、クリックされたところに円が移動する挙動になります。

描画する円の位置を保存しておく

いま説明したように、あとから削除するために、前回、作成した円を保存する変数を用意します。

変数名は、どのようなものでもよいですが、ここでは、maeとしました。最初は、None（何も設定されていないという意味）の値を設定しておきます。

```
# 以前に描いた円の情報
mae = None
```

click関数内では、この変数maeを使いたいので、Lesson 4-6　関数を使う➡P.109で説明した**グローバル（global）宣言**をしています。

```
global mae
```

click関数内では、前回、何か円を描いているのなら、deleteメソッドを実行して、その円を削除します。

すぐあとに説明するように、描いた円はmae変数に保存します。初回は、いまmae=Noneに設定したので、maeがNoneではないとき（すでに何か円を描いたとき）に限って実行します。その判定には、次のようにif文を使います。

```
if mae is not None:
    # 描かれているならそれを消す
    canvas.delete(mae)
```

そしてクリックされた座標（event.x、event.y）に、赤く塗られた円を描画します。このとき、作成した円を変数maeに保存します。

```
mae = canvas.create_oval(event.x - 20, event.y - 20, event.x +
20, event.y + 20, fill="red", width=0)
```

作成した円を保存しておく　赤色

変数maeは、「いま描いた赤い円」に変わり、Noneではなくなるので、次にclick関数が実行されるときは、先ほど記述したif文の条件が成り立ち、deleteメソッドが実行されることで、それが削除されます。つまり、「前に描いた円が消える」動作になります。

List example07-03-02.py

```
import tkinter as tk

# 以前に描いた円の情報
mae = None

def click(event):
    global mae
    # 前回のものを消す
    if mae is not None:
        # 描かれているならそれを消す
        canvas.delete(mae)
    mae = canvas.create_oval(event.x - 20, event.y - 20,
event.x + 20, event.y + 20, fill="red", width=0)

# ウィンドウを描く
root = tk.Tk()
root.geometry("600x400")

# キャンバスを置く
canvas = tk.Canvas(root, width = 600, height = 400, bg="white")
canvas.place(x = 0, y = 0)

# イベントを設定する
canvas.bind("<Button-1>", click)

root.mainloop()
```

赤で塗りつぶした円を描く

クリックされたときにclick関数を実行する

Lesson 7-4

タイマーを使って動かします

円を右に動かしてみよう

前Lessonでは、マウスでクリックすることで、そのクリックした位置に円が動くようにしました。Lesson 7-4では、クリックしなくても円が勝手に右に動いていくプログラムを作っていきます。

座標を増やせば右に、減らせば左に動きますが、どのようにプログラムすればいいでしょうか？

一定時間ごとにズラしていく

「円を右に動かす」のは難しいように思えますが、要は結果として、円が右に動いていくように見えればよいのです。

では、どのようにすれば円が右に動いていくように見えるでしょうか。その答えは、「少しずつ円のX座標を増やしながら描いたり消したりを繰り返すこと」です。

そうすることで、その連続した動作が、右に動いていくように見えます（**図7-4-1**）。

図7-4-1 少しずつズラして描いていく

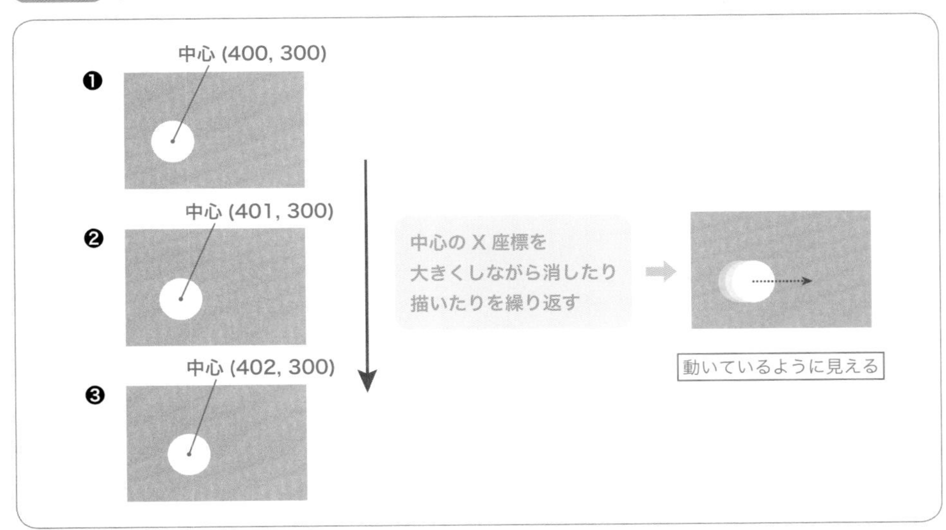

tkinterのタイマーを使って一定時間ごとに関数を実行する

tkinterには**タイマー機能**があり、一定時間が経過した後に、指定した関数を実行することができます。タイマーは、tkinterオブジェクトの**afterメソッド**を呼び出すことで動き出します。たとえば、

```
root = tk.Tk()
```

というように変数rootがtkinterオブジェクトを指している場合、タイマーを動かすには以下のように記述します。

書式 **afterメソッド**

```
root.after( 時間 , 実行したい関数 )
```

時間は1000分の1秒単位で指定します。この単位を**「ミリ秒」**と言います。たとえば「500」と指定した場合は、「0.5秒後に実行する」という意味です。

円が動くようなアニメーションであれば、30（＝0.03秒）～10（＝0.01秒）程度の微小な値を指定して、そのつど、円を描画する座標を少しずつ変えていくと、動いているように見えます。

MEMO

テレビや映画のアニメーションは1秒間に24コマまたは30コマで動いています。なので、そういったスムーズさで動かしたいのであれば、1000÷24≒40程度の値以下に指定すると良いでしょう。それより値が大きいと、動きがカクカクするように見えます。

実際にafterメソッドを使って、一定時間ごとに円の座標を変更することで円が動くように見えるプログラムを**example07-04-01.py**に示します。

List example07-04-01.py

```
1  import tkinter as tk
2  
3  # 円の座標
4  x = 400
5  y = 300
6  # 以前に描いた情報
7  mae = None
8  def move():
9      global x, y, mae
10     # 前回のものを消す
11     if mae is not None:
```

（次ページへ続く）

（前ページの続き）

```
12            # 描かれているならそれを消す
13            canvas.delete(mae)
14        # X 座標を動かす
15        x = x + 1          増やしているので右に動く
16        # 次の位置に円を描く
17        mae = canvas.create_oval(x - 20, y - 20, x + 20, y + 20,
    fill="red", width=0)
18        # 再びタイマー
19        root.after(10, move)   次も実行されるようにするため再設定する
20
21    # ウィンドウを描く
22    root = tk.Tk()
23    root.geometry("600x400")
24
25    # キャンバスを置く
26    canvas = tk.Canvas(root, width = 600, height = 400, bg="white")
27    canvas.place(x = 0, y = 0)
28
29    # タイマーを設定する
30    root.after(10, move)   0.01秒後にmove関数が実行されるように設定する
31
32    root.mainloop()
```

example07-04-01.pyでは、まず冒頭で、円を描画するx座標とy座標を保存する変数を用意しました。最初の位置は、それぞれ400、300としていますが、どの位置でも、もちろんかまいません。

```
# 円の座標
x = 400
y = 300
```

そして次のようにafterメソッドを使い、0.01秒（＝10ミリ秒）後にmove関数を実行するようにしました。

```
root.after(10, move)
```

move関数では、まず前回の場所の円を消しています。これは前Lessonで説明した、クリックで円を動かすときと同じ処理です。

```
# 前回のものを消す
if mae is not None:
    # 描かれているならそれを消す
    canvas.delete(mae)
```

そしてX座標を増やして、その位置に円を描画します。

```
# X座標を動かす
x = x + 1
# 次の位置に円を描く
mae = canvas.create_oval(x - 20, y - 20, x + 20, y + 20,
fill="red", width=0)
```

afterメソッドは「1回だけ」有効なので、このままではもうmove関数は呼び出されません。従って、もう1度afterメソッドでmove関数を登録し、次も実行されるようにします。

```
# 再びタイマー
root.after(10, move)
```

実行結果は、**図7-4-2**のように円が右に動いていくものになります。

図7-4-2 example07-04-01.pyの実行結果

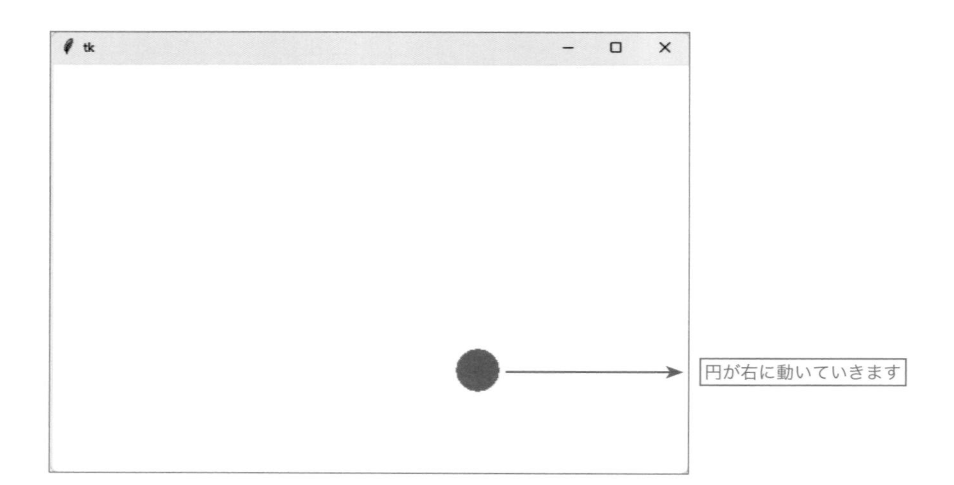

COLUMN

円をもっと速く動かすには

もっと速く円を動かしたいときは、次の2つの方法があります。

①タイマーの間隔を速くする

1つめの方法は、afterメソッドに渡す「ミリ秒後」の値を小さくすることです。
現在は「10」に指定していますが、これを「5」にすれば、move関数が0.005秒に1回実行されるようになるので、倍速で動くようになります。

```
root.after(5, move)
```

ただし、この方法は、実行される回数が増えてパソコンの負荷が高まるので、あまり小さい値にすべきではありません。

②座標の移動量を増やす

もう1つの方法は、Xの移動量を増やす方法です。現在は、

```
# X座標を動かす
x = x + 1
```

としてありますが、

```
x = x + 2
```

のように2ずつ増やせば、倍速で動くようになります。

Lesson 7-5

ウィンドウの端を判定します

往復して動かせるようにしよう

前Lessonのプログラムでは、円は右側に移動していきます。この円は、キャンバスの端まで行っても止まらずにそのまま右へ移動し続けて、やがて見えなくなってしまいます。そこでLesson 7-5では、円がキャンバスの端に当たったときには、そこで移動が反転して往復運動するように改良していきます。

キャンバスの端に図形が当たったとき、はね返るプログラムを作っていきましょう！

キャンバスの端に当たったら、移動量を反転する

そのための方法は割と簡単です。円のX座標とキャンバスの左端・右端のX座標を判定して、もし超えたら反転するように設定すれば良いだけです。

反転するところの判定は、左端（＝X座標が0）と右端（＝X座標がキャンバスの幅）の2点で行います。移動していくのは円なので、判定する座標には半径も含めたほうがもちろん良いのですが、ここでは話を簡単にするために、円の「中心点」で判定することにします。つまり、円自体は、半径の分だけはみ出てから反転します（**図7-5-1**）。

図7-5-1 中心点がはみ出さないようにする

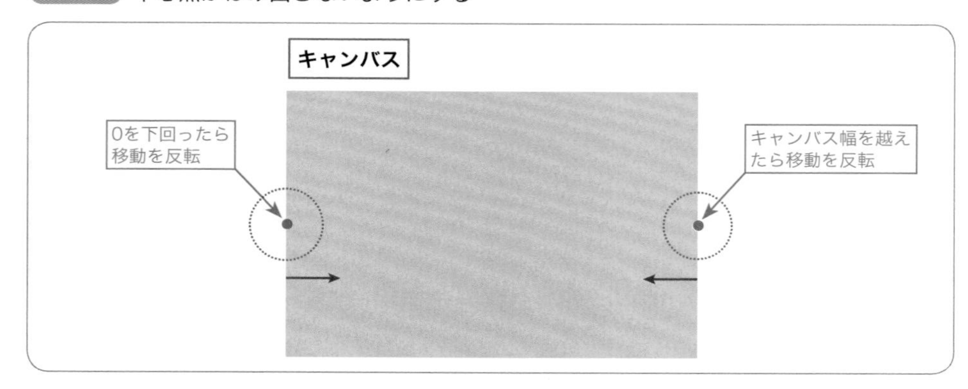

移動量を変数にする

ウィンドウの端で円が反転するプログラムを作ると、**example07-05-01.py**のようになります。

List example07-05-01.py

```
1   import tkinter as tk
2
3   # 円の座標
4   x = 400
5   y = 300
6   # 以前に描いた情報
7   mae = None
8   # 移動量
9   dx = 1 ──── 最初は1、つまり右方向に動かします
10
11  def move():
12      global x, y, mae,dx
13      # 前回のものを消す
14      if mae is not None:
15          # 描かれているならそれを消す
16          canvas.delete(mae)
17      # X座標を動かす
18      x = x + dx ──── dxは「1」か「-1」のいずれかです
19      # 次の位置に円を描く
20      canvas.create_oval(x - 20, y - 20, x + 20, y + 20,
    fill="red", width=0)
21      # 端を超えていたら反対向きにする
22      if x >= canvas.winfo_width():
23          dx = -1 ──── 左に移動するようにします
24      if x <= 0:
25          dx = +1 ──── 右に移動するようにします
26      # 再びタイマー
27      root.after(10, move)
28
29  # ウィンドウを描く
30  root = tk.Tk()
31  root.geometry("600x400")
32
33  # キャンバスを置く
34  canvas = tk.Canvas(root, width = 600, height = 400, bg="white")
35  canvas.place(x = 0, y = 0)
36
37  # タイマーを設定する
38  root.after(10, move)
39
40  root.mainloop()
```

Lesson 7-4　円を右に動かしてみよう➡P.193で作成した、円が右に移動するプログラムでは、

```
x = x + 1
```

のようにX座標に「1」を加えていましたが、左に移動させるためには、今度は逆にX座標を減らさないといけません。そこで、このプログラムでは「移動量」を変数にしました。ここではdxという変数名にして、

```
# 移動量
dx = 1
```

としてあります。そして、move関数のなかでは、

```
x = x + dx
```

としてX座標の値を変更しています。最初は、dxの値が「1」なので、1が足されます。つまり、右に進んでいきます。

MEMO

ここでは変数名を「dx」としましたが、他の名前でもかまいません。「dx」の「d」は「delta」（差分）の意味として、何かの微小な差を保存するときの変数名によく使われます。

キャンバスの端で移動量を反転する

円がキャンバスの端まで移動したときは、その移動量──変数dxの値──を反転させます。反転すべき点は、右端と左端の両方にあります。

❶ 右端の反転

右端は、X座標がキャンバス幅を超えたかどうかで調査します。キャンバス幅は、**winfo_widthメソッド**を実行すると取得できます。具体的には次のようにして反転しています。

MEMO

このプログラムでは、キャンバス幅が600なので、winfo_widthというメソッドを使わず、「x >= 600」と記述しても同じです。しかしメソッドを使って取得しておけば、あとでキャンバスの大きさを変更することになったときでも、ifの部分の修正が必要ありません。そうした理由から、固定値を書くのではなくて、この例のように、メソッドを使って実際の値を取得するようにプログラムしたほうが望ましいです。

```
if x >= canvas.winfo_width():  キャンバスの幅
    dx = -1
```

キャンバスの右端を超えたときは、dxには「-1」を設定しました。そうすることで、円を移動する処理である以下の部分で「-1」が足されていくようになるので、X座標が減っていく（＝円が左方向に動く＝反転する）ようになります。

```
x = x + dx
```

❷左端の反転

同様にして、左端のX座標の判定は、次のようにしています。

```
if x <= 0:
    dx = +1
```

左端はX座標が0なので、「x <= 0」で比較します。

ここでは、dxを「+1」に設定しているので、今度はxに「+1」が足されていくようになるので、X座標が増えていく（＝円が右方向に動いていく＝反転する）ようになります。

> **MEMO**
> ここでは、プラスであることを分かりやすくするため、「dx = +1」と記述しましたが、「dx = 1」と記述しても同じです。

これらの❶❷の処理によって、「右端に来たときは移動量が「+1」から「-1」へ、左端に来たときは移動量が「-1」から「+1」へ変わるので、円が左右に往復運動する」という動きになります。

Lesson 7-6

X座標だけでなくY座標への移動も考えます

斜めに動かそう

前Lessonでは、左右の往復運動ができるようになりました。今度はX座標と同時にY座標の方向にも動くように設定して、円が斜めに動いていくように見えるプログラムを作りましょう。

円が左右にしか動かないのは味気ないです

Y座標を設定すれば、斜めに動かせますよ

斜めに動かすには

円を斜めに動かすには、X座標方向とY座標方向に同時に動かしていくようにプログラムを作ります（**図7-6-1**）。

Lesson 7-5 往復して動かせるようにしよう➡P.198で作成したプログラムでは、dxという変数でXの移動量を保持して左右に移動させました。同様に、Y座標方向、つまり上下に動かすには、Yの移動量としてdyという変数を導入し、この変数dyを円のY座標に加えていくという処理をします。このY座標の処理を前Lessonで作成したプログラムに加えると、X座標方向（左右）とY座標方向（上下）が同時に動くので、結果として斜めに（45度に）動くようになります。

このときもちろん、円がキャンバスの高さを超えたときの処理も記述します。つまり、上辺（＝Y座標が0）と下辺（＝Y座標がキャンバスの高さ）の2点判定し、移動を反転させます。

図7-6-1 斜めに動かす

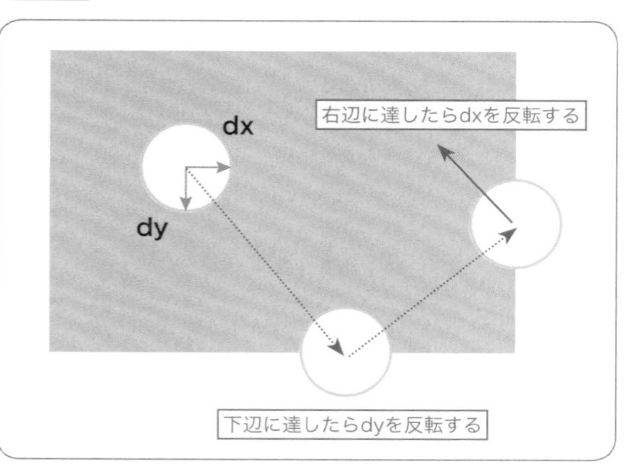

X座標とY座標を同時に動かす

円が斜めに動き、キャンバスの上下左右の端に当たると反転するというプログラムが**example07-06-01.py**です。まずY座標の移動量として、dy変数を導入しました。

```
# 移動量
dx = 1
dy = 1 ──── yの移動量の最初は1、つまり下方向とする
```

そしてmove関数では、Y座標をdyの数だけ増加するようにしました。

```
# Y座標も動かす
y = y + dy
```

Y座標はキャンバスの上辺（＝Y座標が0）と下辺（＝Y座標がキャンバスの高さ）で判定処理します。その座標で変数dyのプラスとマイナスが逆になるように設定すると、円の動きが反転するようになります。

キャンバスの高さは**winfo_heightメソッド**で取得できます。考え方は、**Lesson 7-5**でX座標に対して行ったのと同じで、それをY座標に対しても適用するだけです。

```
# Y座標についても同様
if y >= canvas.winfo_height(): ──── 下辺を越えたとき
    dy = -1 ──── 上方向にする
if y <= 0: ──── 上辺を越えたとき
    dy = +1 ──── 下方向にする
```

こうしたY座標の処理を加えることで、X座標方向とY座標方向へ同時に動くようになります。これで円が斜めに動き、ウィンドウの上下左右の端で反転するので、結果として円が跳ね回るような動きになります（**図7-6-2**）。

List example07-06-01.py

```
1   import tkinter as tk
2
3   # 円の座標
4   x = 400
5   y = 300
6   # 以前に描いた情報
7   mae = None
8   # 移動量
9   dx = 1
10  dy = 1
11
12  def move():
```

（次ページへ続く）

（前ページの続き）

```
13        global x, y, mae, dx, dy
14        # 前回のものを消す
15        if mae is not None:
16            # 描かれているならそれを消す
17            canvas.delete(mae)
18        # X 座標を動かす
19        x = x + dx
20        # Y 座標も動かす
21        y = y + dy
22        # 次の位置に円を描く
23        canvas.create_oval(x - 20, y - 20, x + 20, y + 20,
    fill="red", width=0)
24        # 端を超えていたら反対向きにする
25        if x >= canvas.winfo_width():    ← 右辺を越えたとき
26            dx = -1                      ← 左方向へ
27        if x <= 0:                       ← 左辺を越えたとき
28            dx = +1                      ← 右方向へ
29        # Y 座標についても同様
30        if y >= canvas.winfo_height():   ← 下辺を越えたとき
31            dy = -1                      ← 上方向へ
32        if y <= 0:                       ← 上辺を越えたとき
33            dy = +1                      ← 下方向へ
34        # 再びタイマー
35        root.after(10, move)
36
37    # ウィンドウを描く
38    root = tk.Tk()
39    root.geometry("600x400")
40
41    # キャンバスを置く
42    canvas = tk.Canvas(root, width = 600, height = 400, bg="white")
43    canvas.place(x = 0, y = 0)
44
45    # タイマーを設定する
46    root.after(10, move)
47
48    root.mainloop()
```

図7-6-2 斜めに動くようになる

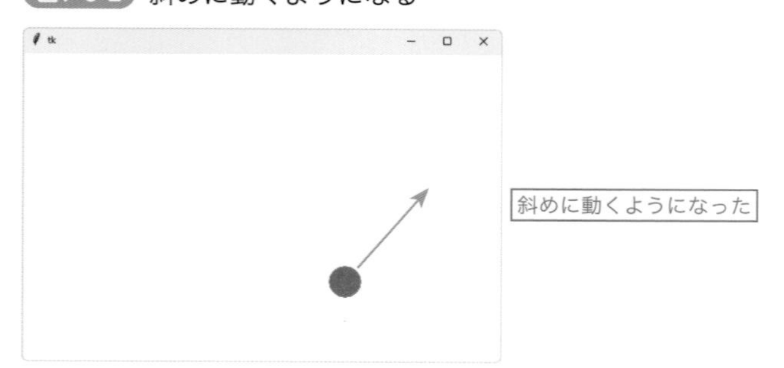

Lesson
7-7

これまでの動きのまま円の数を増やすには

たくさんの円を動かそう

ここまでは、1つの円を描画してきましたが、今度は1度にもっとたくさんの円を描画していきたいと思います。たくさんの円を制御するには、リストを使って、ループ処理をします。

円をディクショナリとリストで管理する

たくさんの円を制御するためには、それぞれの円が持つ値を、すべて管理しなければなりません。

ここまでプログラムを作ってきたことから分かるように、1つの円を制御するのに当たって、少なくとも、次の5つの変数が必要です。

- **x …………………… X座標を示す**
- **y …………………… Y座標を示す**
- **dx ………………… Xの移動量を示す**
- **mae ……………… 前回に描いたもの**
- **dy ………………… Yの移動量を示す**

もし、こうした変数のまま、たとえば、3個の円を制御するとなれば、

- **1つめの円 ……………… x、y、mae、dx、dy**
- **2つめの円 ……………… x2、y2、mae2、dx2、dy2**
- **3つめの円 　　　　　　 x3、y3、mae3、dx3、dy3**

という変数が必要になります。もっと増えれば、その分だけ変数が必要となり、とても管

理しにくくなります。そこで、2つの工夫をします。

値をひとまとめにするディクショナリ

1つめの工夫は、「1つの円に関するデータは、ひとまとめにする」という考え方です。

そのための方法として、Pythonの「**ディクショナリ(Dictionary)**」という機能を使います。ディクショナリは、「キーと値のペア」を、ひとまとめにして管理する仕組みです。

たとえば、次のように使います。ここでballは任意の変数名です。

```
ball = {"x" : 400, "y" : 300, "mae" : None, "dx" : 1, "dy" : 1}
```

このように記述すると、ballというひとまとまりのなかに、「x」「y」「mae」「dx」「dy」が保存されます(**図7-7-1**)。もしX座標の値を取り出したいなら、

```
ball["x"]
```

のように記述します。同様にY座標の値を取り出したいのなら、

```
ball["y"]
```

のように記述します。このようにディクショナリは以下の書式で設定します。

書式 **ディクショナリ**

```
変数名 = { キー名 : 値 , キー名 : 値, … }
```

こうして記述すると、そのそれぞれのキーに対して、

```
変数名 [" キー名 "]
```

という書式で参照できる仕組みです。

このようにディクショナリを使うと、関連するデータをひとまとめにしやすくなります。

図7-7-1 ディクショナリ

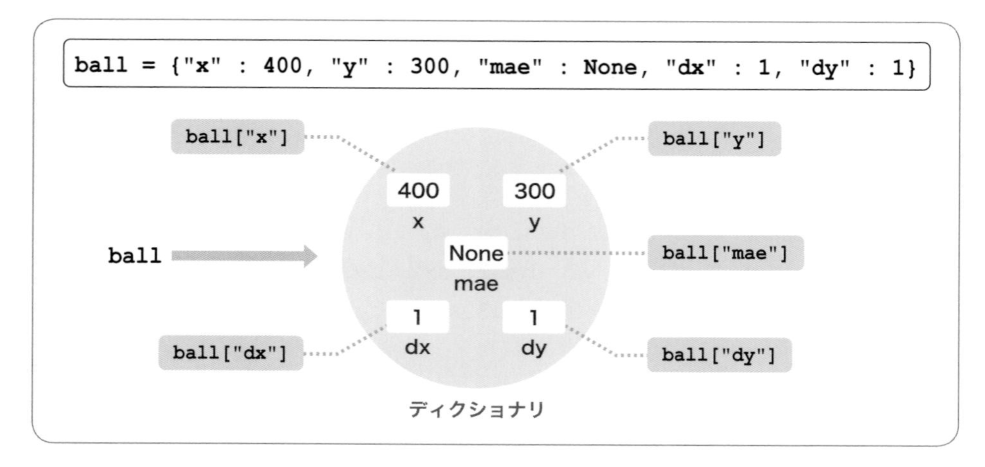

リストを使って複数個扱う

もう1つの工夫は、「すべての円をひとまとめにする」という考え方です。ディクショナリを使うと、3つの円を扱う場合、

```
ball = {"x" : 400, "y" : 300, "mae" : None, "dx" : 1, "dy" : 1}
ball2 = {"x" : 200, "y" : 100, "mae" : None,  "dx" : -1, "dy" : 1}
ball3 = {"x" : 100, "y" : 200, "mae" : None, "dx" : 1, "dy" : -1}
```

というように書けますが、このように3つの変数で管理するのは、あまり望ましくありません。なぜなら、3つの円を描画するときには、

```
ball["mae"] = canvas.create_oval(ball["x"] - 20, ball["y"] - 20,
ball["x"] + 20, ball["y"] + 20, "red", width=0)
ball2["mae"] = canvas.create_oval(ball2["x"] - 20, ball2["y"] -
20, ball2["x"] + 20, ball2["y"] + 20, "red", width=0)
ball3["mae"] = canvas.create_oval(ball3["x"] - 20, ball3["y"] -
20, ball3["x"] + 20, ball3["y"] + 20, "red", width=0)
```

と3行、記述しなければならないからです。10個の円を扱うなら10行、100個の円を扱うなら100行、記述しなければならないのは、言うまでもありません。

そこで、描画するときに、もう少し短く書けないかを検討しますが、解決策としてリストが有効です。リストはLesson 5-3　4桁のランダムな値を作る➡P.129で説明したように、複数の値を「[]」で囲んで整理するものです。リストを使うと、たとえば、次のように記述できます。

```
balls = [
    {"x" : 400, "y" : 300, "mae" : None, "dx" : 1, "dy" : 1},
    {"x" : 200, "y" : 100, "mae" : None, "dx" : -1, "dy" : 1},
    {"x" : 100, "y" : 200, "mae" : None, "dx" : 1, "dy" : -1}
]
```

こうすると、たとえば、1つ目の円のX座標とY座標は、

```
balls[0]["x"]
```

および、以下のように取得できます。

```
balls[0]["y"]
```

2つ目の円であれば、

```
balls[1]["x"]
```

および、以下のように取得できます（**図7-7-2**）。

```
balls[1]["y"]
```

図7-7-2 ディクショナリとリストを組み合わせる

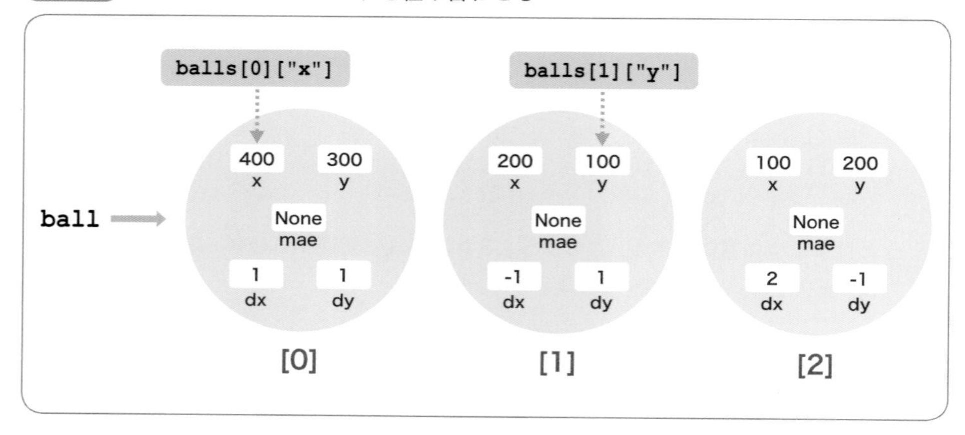

よって、たとえば、この1つ目の円を描画するには、以下のように記述できます。

```
balls[0]["mae"] = canvas.create_oval(balls[0]["x"] - 20,
balls[0]["y"] - 20, balls[0]["x"] + 20, balls[0]["y"] + 20,
"red", width=0)
```

これでは、先のball、ball2、ball3の3つの変数を使う場合と、何ら変わりませんが、違うのはループ処理できるという点です。もし、3つすべてを描画するには、1つずつ取り出して、これをループすればよく、以下のように短く書けます。

```
for b in balls:
    b["mae"] = canvas.create_oval(b["x"] - 20, b["y"] - 20,
b["x"] + 20, b["y"] + 20, "red", width=0)
```

たくさんの円をループで動かす

実際に、3つの円を動くようにしたプログラムが**example07-07-01.py**です。

このプログラムでは、少し欲張って、ディクショナリで「色」を指定できるようにもしてみました。**example07-07-01.py**では、描画したい円を次のように定義しています。ここで「color」は、描画したい色です。

```
balls = [
  {"x" : 400, "y" : 300, "mae" : None, "dx" : 1, "dy" : 1,
"color":"red"},
  {"x" : 200, "y" : 100, "mae" : None, "dx" : -1, "dy" : 1,
"color":"green"},
  {"x" : 100, "y" : 200, "mae" : None, "dx" : 1, "dy" : -1,
"color": "blue"}
]
```
色

click関数のなかでは、このballsのすべての要素に対して、forでループ処理することで、すべての円を動かすようにしています。

```
for b in balls:
    …それぞれの円に対する操作…
```

描画する処理では、

```
b["mae"] = canvas.create_oval(b["x"] - 20, b["y"] - 20, b["x"]
+ 20, b["y"] + 20,  fill=b["color"], width=0)
```

というように、fillの引数には「b["color"]」を指定しているので、ディクショナリの「color」で指定した色で描画されます。

実際に実行すると、**図7-7-3**のようになります。

List example07-07-01.py

```
1  import tkinter as tk
2
3  # 円をリストで用意する
4  balls = [
5    {"x" : 400, "y" : 300, "mae": None, "dx" : 1, "dy" : 1,
   "color":"red"},
6    {"x" : 200, "y" : 100, "mae": None, "dx" : -1, "dy" : 1,
   "color":"green"},
7    {"x" : 100, "y" : 200, "mae": None, "dx" : 1, "dy" : -1,
   "color": "blue"}]
8
9  def move():
10     global balls
11     for b in balls:
12         # 前回のものを消す
13         if b["mae"] is not None:
14             # 描かれているならそれを消す
15             canvas.delete(b["mae"])
16         # X座標を動かす
17         b["x"] = b["x"] + b["dx"]
18         # Y座標も動かす
19         b["y"] = b["y"] + b["dy"]
20         # 次の位置に円を描く
21         b["mae"] = canvas.create_oval(b["x"] - 20, b["y"]
   - 20, b["x"] + 20, b["y"] + 20, fill=b["color"], width=0)
22         # 端を超えていたら反対向きにする
23         if b["x"] >= canvas.winfo_width():
24             b["dx"] = -1
```


（次ページへ続く）

（前ページの続き）

```
25            if b["x"] <= 0:
26                b["dx"] = +1
27            # Y 座標についても同様
28            if b["y"] >= canvas.winfo_height():
29                b["dy"] = -1
30            if b["y"] <= 0:
31                b["dy"] = +1
32        # 再びタイマー
33        root.after(10, move)
34
35    # ウィンドウを描く
36    root = tk.Tk()
37    root.geometry("600x400")
38
39    # キャンバスを置く
40    canvas = tk.Canvas(root, width = 600, height = 400, bg="white")
41    canvas.place(x = 0, y = 0)
42
43    # タイマーを設定する
44    root.after(10, move)
45
46    root.mainloop()
```

図7-7-3 3つの円を動かすようにした例

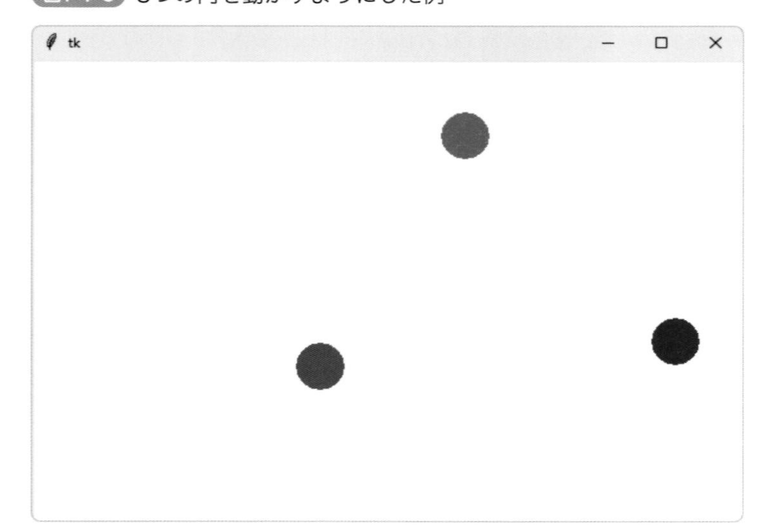

もっとたくさんの円を動かすのも簡単

ここでは**図7-7-3**のように3つの円を扱いましたが、たとえば以下のように、データの定義を5つに変更すれば、5つの円が表示されます（**図7-7-4**）。

```
balls = [
    {"x" : 400, "y" : 300, "mae" : None, "dx" : 1, "dy" : 1,
"color":"red"},
    {"x" : 200, "y" : 100, "mae" : None, "dx" : -1, "dy" : 1,
"color":"green"},
    {"x" : 100, "y" : 200, "mae" : None, "dx" : 1, "dy" : -1,
"color": "blue"},
    {"x" : 50, "y" : 400, "mae" : None, "dx" : -1, "dy" : 1,
"color": "purple"},
    {"x" : 400, "y" : 100, "mae" : None, "dx" : 1, "dy" : 1,
"color": "yellow"}
]
```

この変更に伴って、**move関数**などほかの部分を変更する必要はありません。リストでデータの定義を変更するだけで良いのです。

このようにデータを変更するだけで、扱う円の個数を変更できるのは、ディクショナリとリストを使ったプログラミングの大きな利点だと言えます。

図7-7-4 5つの円を表示したところ

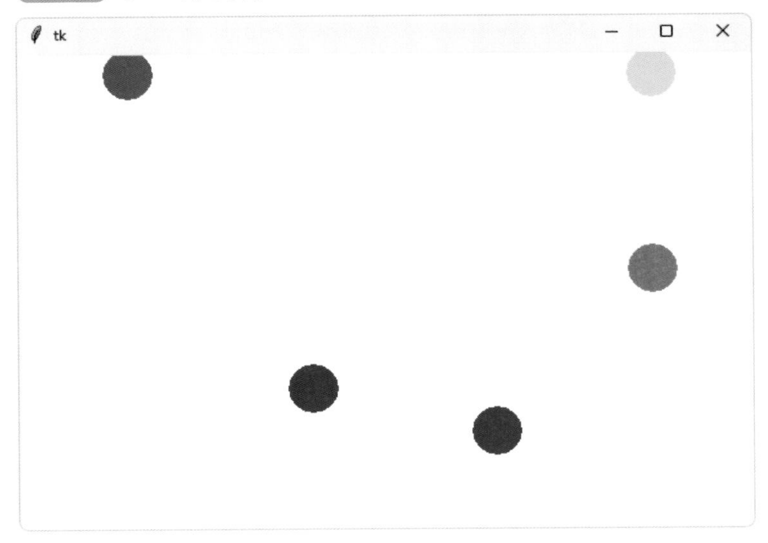

Lesson 7-8

クラスとオブジェクトに挑戦しましょう

プログラムをブロック化して1つの機能を与える

Lesson 7-7では、ディクショナリとリストを使って、複数の円を描画するプログラムを作りました。これには実は、別解があります。それはクラスとオブジェクトを使う方法です。

ディクショナリとリストは便利ですが、プログラムがすこし複雑ですね

クラスとオブジェクトを使う方法もあります。ここで使い方を覚えてしまいましょう！

プログラムをブロック化して1つの機能を与える

前節で作った、ディクショナリとリストを使って、円の座標や移動方向、描画色などのデータを管理して、それを１つずつループ処理して描画する方法は、昔からある古典的な手法です。

それに対して近頃は、プログラムを部品化（コンポーネント化）して、さまざまな操作を実現する方法が、よく採られます。

今回の例で言うと、１つ１つの「円」を部品として扱うのです。部品のそれぞれは、内部で自分の状態――今回の例で言えば、座標や移動方向、描画色――を保持しています。

部品は、外部からさまざまな「命令」を受け付けるように作っておきます。たとえば、「動かす」とか「描画する」とか「消す」といった命令を受け付けられるようにしておきます。

プログラムでは、そうした命令を実行することで、部品をコントロールしていくのです。

ここで言う部品こそが「**オブジェクト**」で、その命令は「メソッド」に相当します。「これまで作ってきたプログラム」と「オブジェクトを使ったプログラム」の考え方の違いを、**図7-8-1**に示します。

大きな違いは「データをどこで管理するか」という点にあります。これまで作ってきたプログラムでは、データがディクショナリやリストでひとまとめにして管理されていたのに対し、オブジェクトを使ったプログラムの場合は、それぞれのオブジェクトがデータを持っており、それに対して命令を出すようにプログラミングします。

図7-8-1 オブジェクト側にプログラムがあり、外部からはそれに対して命令を与えるだけ

【これまでのプログラム】

・データ

```
balls = [
  {"x" : 400, "y" : 300, "mae" : None, "dx" : 1, "dy" : 1,
"color" : "red"},
  {"x" : 200, "y" : 100, "mae" : None, "dx" : -1, "dy" : 1,
"color" : "green"},
  {"x" : 100, "y" : 200, "mae" : None, "dx" : 1, "dy" : -1,
"color" : "blue"}
]
```

データをひとつずつ読んで処理していく

・プログラム

```
for b in balls:
  # 前回のものを消す
  if b["mae"] is not None:
      # 描かれているならそれを消す
      canvas.delete(b["mae"])
  # X 座標を動かす
  b["x"] = b["x"] + b["dx"]
  # Y 座標も動かす
  b["y"] = b["y"] + b["dy"]
  # 次の位置に円を描く
  canvas.create_oval(b["x"]- 20, b["y"] - 20, b["x"] + 20, b["y"] + 20,
fill=b["color"], width=0)
```

canvas.create_ovalメソッドの実行など、消したり描画したりするプログラムは、オブジェクト側に備わるようにする

【オブジェクトを使ったプログラム】

```
for b in balls:
  # 動かす
  b.動かす()
```

プログラムでは「動かす」と命令するだけ

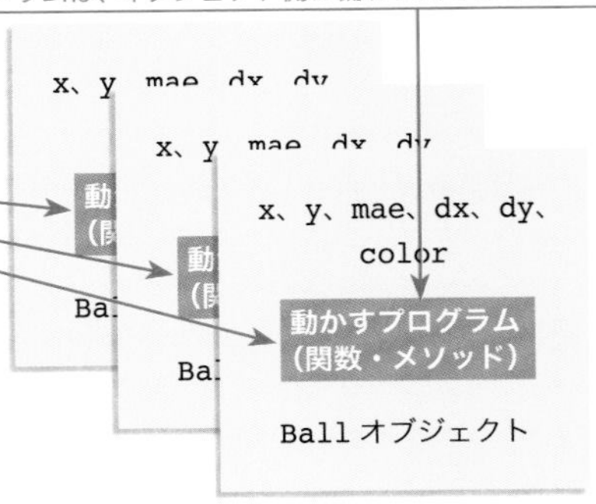

x、y、mae、dx、dy、color

動かすプログラム（関数・メソッド）

Ball オブジェクト

オブジェクトはクラスから作る

では、「実際にオブジェクトを作っていきましょう！」と言いたいところですが、実はオブジェクトはプログラマが記述するものではありません。プログラマが記述するのは、オブジェクトの基となる**「クラス（class）」**と呼ばれるものです。

オブジェクトを使いたい場合、プログラマは、クラスというものをプログラムとして記述

しておきます。こうしておいて、オブジェクトを使いたいときには、Pythonの特定の文法（あとで説明します）を使って、クラスからオブジェクトを作り出します。こうして作ったオブジェクトのことを「**インスタンス（instance）**」と言います。そして、クラスからオブジェクトを作り出す操作のことを、「**実体化する**」とか「**インスタンスを作る**」と言います。

図7-8-2に示すように、クラスとオブジェクトは、1対多の関係です。クラスを作成しておけば、そのクラスを基としたオブジェクトを、いくつでも作成できます。

図7-8-2 クラスとオブジェクトとの関係

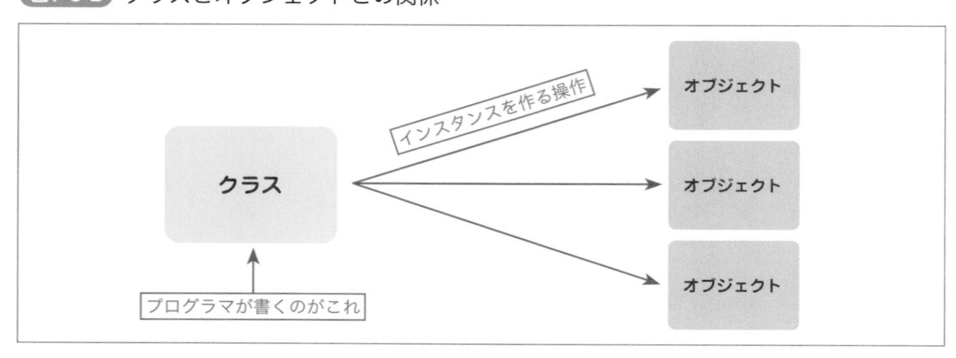

クラスでデータを管理する

クラスとオブジェクトの話はとても難しいので、順を追って説明します。最終的には、円を動かすオブジェクトを作っていくのですが、ひとまず「動かす」ということは忘れて、ここでは、円の座標や前回描いたもの、移動量、色を管理するデータについて考えます。

クラスを作る

前Lessonでディクショナリとリストを使ったプログラムの例から分かるように、1つの円は以下の6つのデータを持っています。

```
x座標、y座標、前回描いたもの、xの移動量、yの移動量、色
```

そこでまずは、この6種類のデータをオブジェクト内部で管理できるようにし、そのためのクラスを記述します。クラス名は、何でもかまいませんが、ここでは仮に「Ball」という名前にします。Pythonでクラスを作る場合は、次の書式で記述します。

書式 **クラスの作成**

```
class クラス名:
    クラスの定義内容
```

ここでは、次のようにBallクラスを作ります。

```
class Ball:
  def __init__(self, x, y, dx, dy, color):
    self.x = x
    self.y = y
    self.dx = dx
    self.dy = dy
    self.color = color
    self.mae = None
```

ここで定義した「**__init__**」というのは、最初にオブジェクトを作るときに呼び出される特殊な関数で「**コンストラクタ（constructor）**」と呼ばれます。コンストラクタは、オブジェクトの状態を、最初の状態にするときの処理をするのに使います。

クラスからオブジェクトを作る

このようにBallクラスを作ったとき、このクラスからオブジェクト――Ballオブジェクト――を作るには、次のように記述します。このようにすると、Ballオブジェクトができ、変数bに代入されます（変数bは任意の名称であり、どのような変数でもかまいません）。

```
b = Ball(400, 300, 1, 1, "red")
```

このとき内部では、コンストラクタ（クラス内に記述した__init__という名前の関数）が実行され、**図7-8-3**に示す一連の処理が実行されます。この結果、Ballオブジェクトのなかには「x」「y」「dx」「dy」「color」「mae」という名前の変数ができ、先頭から5つには、引数に渡された値が、最後のmaeにはNoneが、それぞれ代入されます。このように、オブジェクトの内部にある変数を「**インスタンス変数**」と呼びます。最後のmaeも、もちろん引数として受け取ってもよいのですが、最初はいつもNoneであり、別の値を設定しないので、ここでは引数として受け取らず、いつでも最初はNoneを設定するようにしました。

図7-8-3 インスタンスが作られるときの動き

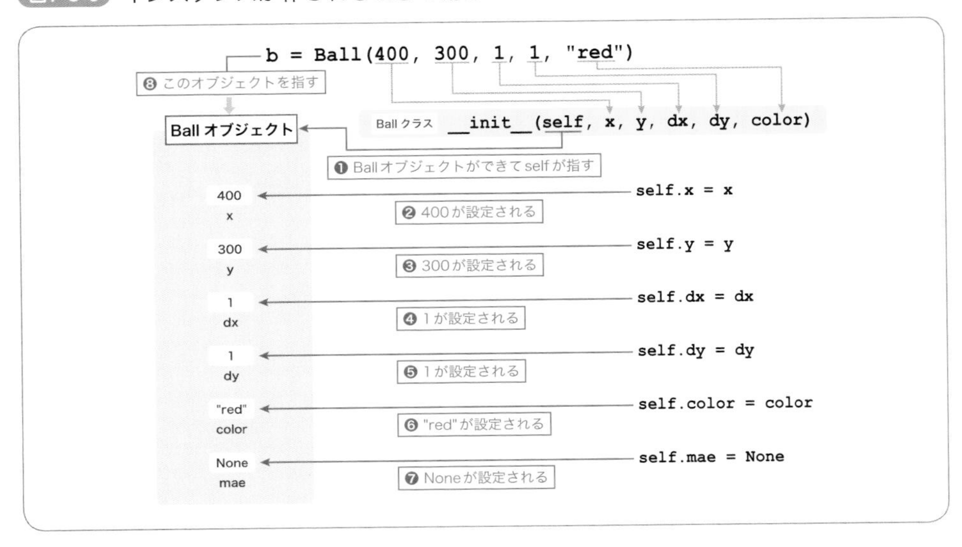

自身を示すself

さて、「**__init__**」について、もう少し詳しく見てみましょう。defで定義されているように、これは関数ですが、ふつうの関数とクラスの内部で定義した関数とでは、大きな違いが1つあります。

それは、**1つめの引数は、「オブジェクトを指す特別な変数である」**という点です。いま提示した例では、__init__関数を以下のように定義しました。

```
def __init__(self, x, y, dx, dy, color):
```

この先頭の**「self」は、「オブジェクトを指し示す」**という約束になっています。

以降、このクラスには、ほかにもいくつかのメソッドを作っていくことになりますが、「先頭の引数は、いつも操作対象のオブジェクトが渡される」という点は、共通です。

このようにして渡されたselfに対して、「self.x」や「self.y」のように、「.」でつなげて任意の変数名を記述すると、それを変数として使えます。このようなオブジェクトの内部の変数のことを**「インスタンス変数」**と言います。

MEMO

関数の1つめの引数は、慣例的にselfという名前が使われますが、self以外の名前でもかまいません。たとえば、「def __init__(s, x, y, dx, dy, color):」のように定義してもかまいません。この場合、インスタンス変数を参照するための書式は、「s.x」や「s.y」のようになります。

メソッドを実装する

このように「__init__」関数を作って、「self.変数名」に値を代入することで、**図7-8-3**に示したように、そのオブジェクトに任意のデータを保存して管理できるようになります。

次に、このオブジェクトに、命令を与えることができる**「メソッド（method）」**を作っていきましょう。最終的には、「円を動かす」というメソッドを実装することになりますが、はじめからそれは難しいので、簡単なtestというメソッドを実装していくことにします。

メソッドというのは、クラスの内部で定義された関数に過ぎません。たとえば、次のようにtestメソッドを記述します。

```
class Ball:
    def __init__(self, x, y, dx, dy, color):
        self.x = x
        self.y = y
        self.dx = dx
        self.dy = dy
        self.color = color
        self.mae = None

    def test(self)
        print(self.x)
        print(self.y)
```

testメソッド

ここで実装したtestメソッドは、

```
def test(self)
    print(self.x)
    print(self.y)
```

のようにしました。これは、「self.x」と「self.y」を表示するだけのものです。ここで、

```
b = Ball(400, 300, 1, 1, "red")
```

として、Ballオブジェクトを作ったとします。この場合、前掲の**図7-8-3**に示したように、「self.x」は「400」、「self.y」は「300」になっているはずです。

ですから、以下を実行すると画面には「400」「300」と表示されます。

```
b.test()
```

この一連の動きを図示すると、**図7-8-4**のようになります。

図7-8-4 testメソッドを呼び出したときの動き

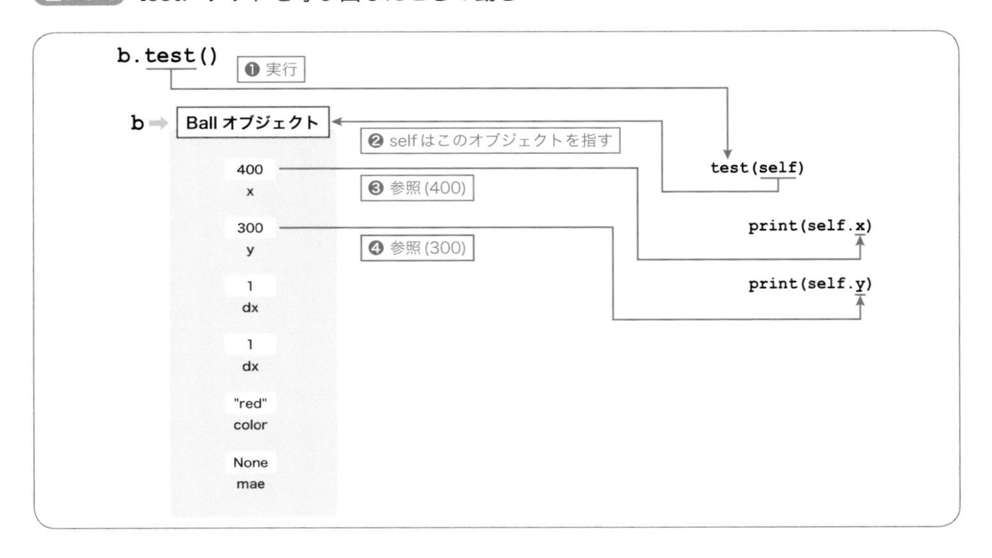

円を動かすメソッドを作る

ここまでの説明を踏まえて、「円を動かす」というプログラムをクラスとオブジェクトを使って実装してみます。

まずは、「1つの円を動かす」というプログラムを、**example07-08-01.py**に示します。

動かす処理は、Ballクラスのmoveメソッドに記述しています。

円をオブジェクトとして作り、動かす

プログラムでは、まず、次のように、Ballオブジェクトを作っています。ここでは変数bに代入しました。

```
b = Ball(400, 300, 1, 1, "red")
```

定期的にタイマーで起動するloop関数を次のように定義しました（タイマー➡P.194参照）。

```
def loop():
  # 動かす
  b.move(canvas)
  # もう一回
  root.after(10,loop)
```

0.01秒（10ミリ秒）後に、このloop関数が実行されるよう、次のようにしてタイマー登録しています。

```
root.after(10, move)
```

動かす操作

上記のloop関数では、

```
b.move(canvas)
```

というように、変数bが指しているBallオブジェクトのmoveメソッドを実行しています。

moveメソッドは、次のように定義しています。

```
def move(self, canvas):
```

最初の引数は、このオブジェクトを示すということは、すでに説明しました。2番目の引数は、実行されるときに渡した値（ここではb.move(canvas)としてmoveメソッドを実行しているので、このときに渡したcanvas）です。

moveメソッドではまず、前回描いたものを消しています。

```
if self.mae is not None:
    # 描かれているならそれを消す
    canvas.delete(self. mae)
```

消したら、X座標とY座標を次の位置に移動します。

```
# X 座標、Y 座標を動かす
self.x = self.x + self.dx
self.y = self.y + self.dy
```

この処理のあとに新しい位置に描画し、さらに端に当たったときは移動方向を反転させるというプログラムが続きますが、ここでの説明は割愛します。

オブジェクトに対して命令を出すことで動かす

プログラムは、少し込み入っていて難しいのですが、注目したいことは、

```
b.move()
```

のように、オブジェクトを代入した変数に対して、moveというメソッドを実行するだけで動かしているという点です。

moveメソッドで「どんな処理を実行するのか」は、オブジェクト（の基となるクラス）に書かれており、「オブジェクトを使っている側」からは、完全なブラックボックスです（**図7-8-5**）。言い換えると、このBallというオブジェクトを「使っている側」は、「moveメソッドを実行すると円が動く」という事実だけを知っており、「どうやって動かしているのか」という「動かし方」は知りません。

実際の動かし方はオブジェクトの内部に隠れるため、全体のプログラムがすっきりし、見やすくなります。

図7-8-5 オブジェクトの内部の処理は、使う側は気にしなくてよい

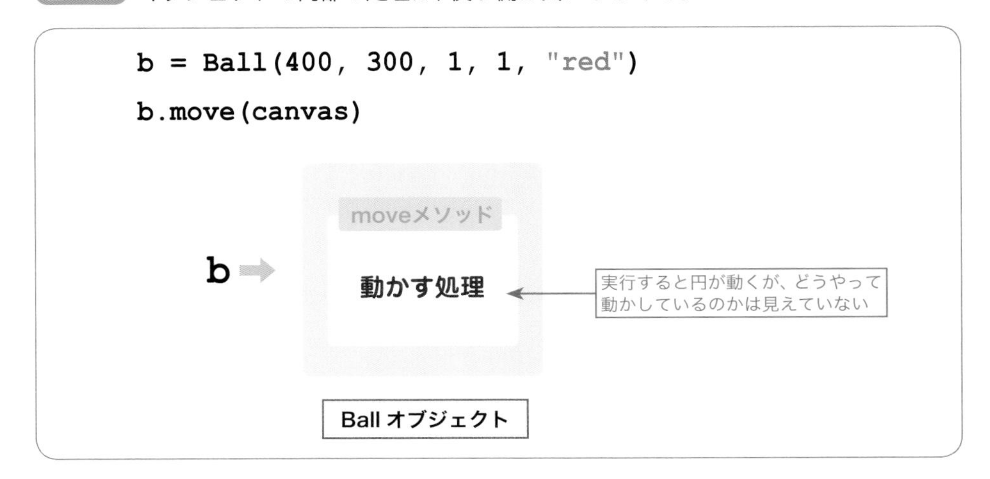

List example07-08-01.py

```
1  import tkinter as tk
2
3  class Ball: ———Ballクラスの定義
4      def __init__(self, x, y, dx, dy, color):
5          self.x = x
6          self.y = y
7          self.dx = dx
8          self.dy = dy
9          self.color = color
10         self.mae = None
11
12     def move(self, canvas): ———円を動かすためのメソッド
13         # 前回のものを消す
14         if self.mae is not None:
15             # 描かれているならそれを消す
16             canvas.delete(self.mae)
17         # X 座標、Y 座標を動かす
18         self.x = self.x + self.dx
19         self.y = self.y + self.dy
20         # 次の位置に円を描画する
21         self.mae = canvas.create_oval(self.x - 20, self.y -
20, self.x + 20, self.y + 20, fill=self.color, width=0)
22         # 端を超えていたら反対向きにする
23         if self.x >= canvas.winfo_width():
24            self.dx = -1
25         if self.x <= 0:
26            self.dx = 1
27         if self.y >= canvas.winfo_height():
28            self.dy = -1
29         if self.y <= 0:
30            self.dy = 1
31
32 # 円をひとつ作る
33 b = Ball(400, 300, 1, 1, "red") ———Ballオブジェクトを作る
34
35 def loop():
36   # 動かす
37   b.move(canvas) ———「動かす」と命令するだけ
38   # もう一回
39   root.after(10,loop)
40
41 # ウィンドウを描く
42 root = tk.Tk()
43 root.geometry("800x600")
44
45 # Canvas を置く
46 canvas = tk.Canvas(root, width = 800, height = 600, bg="white")
```

（次ページへ続く）

（前ページの続き）

```
47  canvas.place(x = 0, y = 0)
48
49  # タイマーをセット
50  root.after(10, loop)
51
52  root.mainloop()
```

たくさんの円を動かす

さて、**example07-08-01.py**では、1つの円しか動かしていませんが、これを複数にすることは、とても簡単です。

まずは、リストとしてBallオブジェクトを用意します。

```
balls = [
    Ball(400, 300, 1, 1, "red"),
    Ball(200, 100, -1, 1, "green"),  ─┐
    Ball(100, 200, 1, -1, "blue")    ─┴─ 2つ加えた
]
```

そして、これらのリストをforでループして処理するため、円を動かすためのloop関数を、次のように修正します。

```
def loop():
    # 動かす
    for b in balls:        ── ballsから1つずつ取り出す
        b.move(canvas)     ── 「動かせ」と命令する

    # もう一回
    root.after(10,loop)
```

このように、オブジェクトをリストとして構成すれば、いくつでも好きなだけ円を描けます。

修正が必要なのはデータのところだけで、クラスなどのプログラムを変更する必要はありません。

Lesson 7-9

継承を使うと似たものを簡単に作れます

円だけでなく、四角、三角を混ぜてみよう

クラスやオブジェクトのメリットは、作った処理の一部だけを変更しやすいという点です。ここでは、その性質を利用して、「四角」と「三角」を混ぜて描画できるようにしてみます。

オーバーライド機能を使って違うところだけを書きます

機能の違いは描画するところだけ

これまで「円」を動かすプログラムを作ってきましたが、「円」だけでなく「四角」と「三角」を混ぜて動かせるようにしたいと思います。

四角や三角を描画する場合、その違いは、「描画する形状」だけで、X座標やY座標を増減したり、キャンバスの端に達したときに向きを変えたりする処理は、まったく同じです。

ですから、描画するところだけを切り替えれば、同じプログラムで実現できるはずです。四角形を扱うクラスをRectangle、三角形を扱うクラスをTriangleとして、これから作っていくとすれば、その違いは**図7-9-1**のようになるはずです。

図7-9-1 円、四角形、三角形の処理の違い

Ballクラス	Rectangleクラス	Triangleクラス
moveメソッド	moveメソッド	moveメソッド
円を消す	四角形を消す	三角形を消す
動かす	動かす	動かす
円を描く	四角形を描く	三角形を描く
端で反対向きにする	端で反対向きにする	端で反対向きにする

図形を消す処理と描く処理を別のメソッドにする

すぐあとに説明しますが、クラスには、メソッド単位で処理を変更する機能があります。この機能は、「**オーバーライド（override）**」と呼ばれ、既存のクラスを改良して、別のクラスを作るときの基本となります。

繰り返しますが、この機能が使えるのは「メソッド単位」です。**図7-9-1**に示したように、違うところは「消す」のと「描く」ところです。このうち、消す処理は、どれもdeleteメソッドで実行できるため、実際に処理が異なるのは描くところだけです。描くところを差し替えるには、これを別のメソッドとして実装します。

そこでこれまで作ってきたBallクラスのmoveメソッドを**図7-9-2**のように変更します。

図7-9-2 描画する処理を、別のメソッドに分けた

```
def move(self, canvas):
    # 前回のものを消す
    if self.mae is not None:
        # 描かれているならそれを消す
        canvas.delete(self.mae)
    # X 座標、Y 座標を動かす
    self.x = self.x + self.dx
    self.y = self.y + self.dy
    # 次の位置に円を描画する
    self.draw(canvas)
    # 端を超えていたら反対向きにする
    if (self.x >= canvas.winfo_width()):
        self.dx = -1
    if (self.x <= 0):
        self.dx = 1
    if (self.y >= canvas.winfo_height()):
        self.dy = -1
    if (self.y <= 0):
        self.dy = 1
def draw(self, canvas):
    self.mae=canvas.create_oval(self.x - 20, self.y
 - 20, self.x
    + 20, self.y + 20, fill=self.color, width=0)
```

tkinterの場合、消すのは「円」「四角形」「三角形」の、どれも同じ

このmoveメソッドの処理は、「円」「四角形」「三角形」のどれでも同じ

円を描く処理

この描画の処理を「四角形」や「三角形」に変えればよい

ここでは、描画する処理を「drawメソッド」に分離しました。

継承して四角形の描画クラスを作る

このようにBallクラスを改良しておくと、このクラスを基に、四角形を描画するRectangleクラスを作るのは、簡単です。

既存のクラスを基に、新しいクラスを作ることを「**継承**」と言います。継承するには、

書式 **継承するクラスの定義**

```
class 新しいクラス名 ( 基のクラス名 ):
```

とすればよく、同名で同じ動作をするメソッドの記載は省略できます。そこで、Ballクラスを継承させ、四角形を描画するRectangleクラスを作ると、次のようになります。

```
class Rectangle(Ball):
    def draw(self, canvas): ——四角形を描く
        self.mae = canvas.create_rectangle(self.x - 20, self.y
- 20, self.x + 20, self.y + 20,  fill=self.color, width=0)
```


MEMO

Rectangleクラスは Ballクラスを継承しているため、この定義よりも前にBallクラスが定義されていなければなりません。すなわち、Ballクラスの定義（「class Ball」）よりも後ろで、Rectangleクラスを定義しないとエラーになります（本Lesson末のexample07-09-01を参照）。

四角形を描画するには、**create_rectangleメソッド**を使います（➡P.184の表7-2-1を参照）。ここに示したように、このRectangleクラスでは、処理が異なるdrawメソッドだけを作り、ほかは省略しています。つまり、moveメソッドはBallクラスに実装されたものと同じものが使われます。

これはちょうど、**図7-9-3**のように、「Ballクラスの一部のメソッドが上書きされている」と考えると、分かりやすいはずです。クラスでは、「オーバーライド」という言葉が出てきますが、このような「処理の上書き」こそが、オーバーライドの実体です。

図7-9-3 オーバーライド

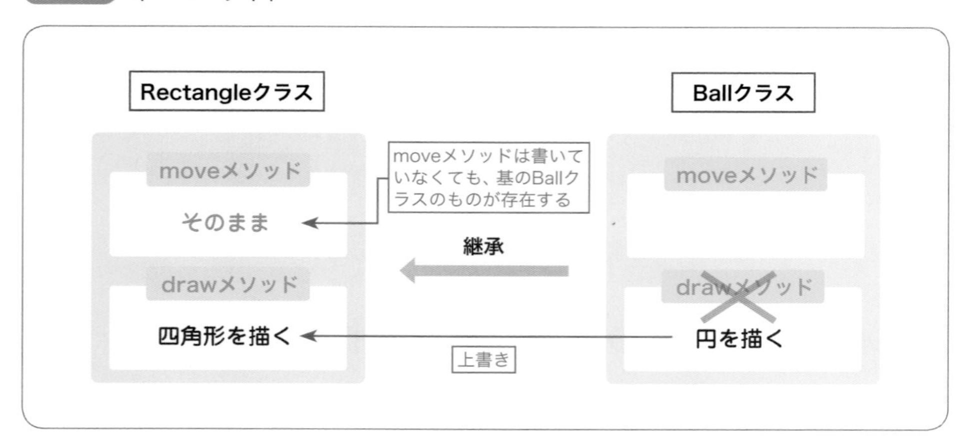

四角形を描画する

さて、このようにして作成したRectangleクラスを使って四角形を描画する場合、その処理は、次のように記述します。

```
b = Rectangle (400, 300, 1, 1, "red")

def loop():
  # 動かす
  b.move(canvas)
  # もう一回
  root.after(10,loop)
```

円を扱ってきたBallクラスとの違いは、

```
b = Rectangle (400, 300, 1, 1, "red")
```

の1行だけで、「BallクラスではなくRectangleクラスを使うようにする」ことだけです。実際に実行すると、**図7-9-4**のようになります。

図7-9-4 四角形を描画する

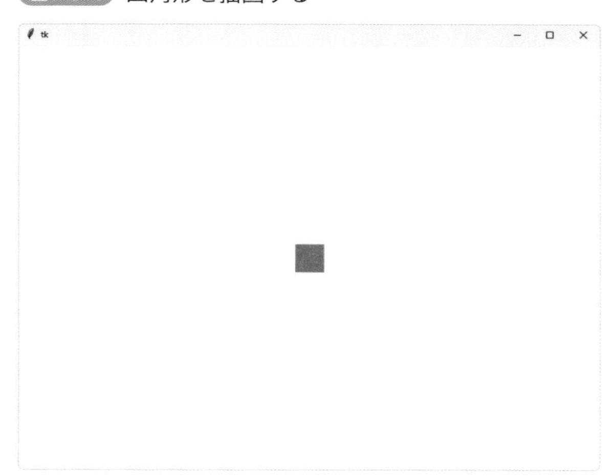

継承して三角形の描画クラスを作る

同様にして三角形を描画する、Triangleクラスを作りましょう。

三角形を描画するには、**create_ploygonメソッド**を使います。create_ploygonメソッドは多角形を描画する機能です。頂点となる3点の座標を指定することで、三角形を描画できます。

先の四角形と同様に、drawメソッドをオーバーライドすればよく、次のようにして作れます。

```
class Triangle(Ball):
    def draw(self, canvas):  ← 三角形を描く
        self.mae = canvas.create_polygon(self.x, self.y - 20,
self.x + 20, self.y + 20,  self.x - 20, self.y + 20, fill=self.
color, width=0)
```

三角形を描画する

このTriangleクラスを使って三角形を描画する場合は、次のようになります。

```
b = Triangle(400, 300, 1, 1, "red")

def loop():
  # 動かす
  b.move(canvas)
  # もう一回
  root.after(10,loop)
```

違いは以下の1行だけです。

```
b = Triangle(400, 300, 1, 1, "red")
```

図7-9-5 三角形を描画する

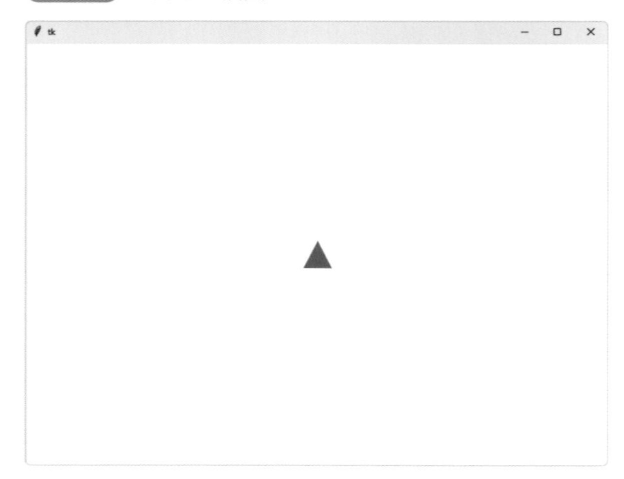

混ぜて描く

ここまで「円（Ball）」「四角形（Rectangle）」「三角形（Triangle）」の3つのクラスを使い、それぞれ描画する方法を説明してきました。

では、これらを混ぜて描画するには、どうすればよいのでしょうか？　それには、**example07_09_01.py**のように記述します。

このプログラムではまず、次のようにして、一緒くたに「円」「四角形」「三角形」を作り、それをリストとして構成しています。

```
balls = [
    Ball(400, 300, 1, 1, "red"),
    Rectangle (200, 100, -1, 1, "green"),
    Triangle(100, 200, 1, -1, "blue")
]
```

そして、このballs変数をループ処理することで描画しています（**図7-9-6**）。

```
for b in balls:
    b.move(canvas)
```

ここでポイントとなるのが、どのクラスもBallクラスから継承しており、すべて「moveメソッド」を持っているという点です。

このループで実行しているのは、そのオブジェクトの「moveメソッド」です。それが「円（Ballオブジェクト）」「四角形（Rectangleオブジェクト）」「三角形（Triangleオブジェクト）」のどれであるかは関係ありません。どのオブジェクトかに関係なく、ただ「moveメソッドさえあれば、同じようにループ処理できる」のです。

図7-9-6 円、四角形、三角形を描画する

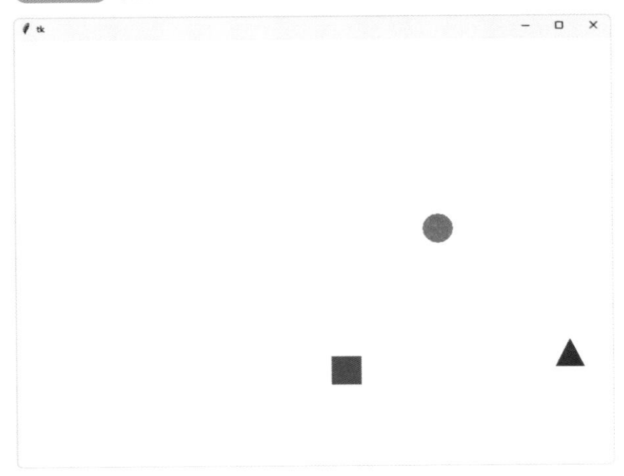

List example07-09-01.py

```
1  import tkinter as tk
2  class Ball:  ──円を描くクラス
3      def __init__(self, x, y, dx, dy, color):
4          self.x = x
5          self.y = y
6          self.dx = dx
7          self.dy = dy
8          self.color = color
9          self.mae = None
10
11     def move(self, canvas):
12         # 前回のものを消す
13         if self.mae is not None:
14             # 描かれているならそれを消す
15             canvas.delete(self.mae)
16         # X座標、Y座標を動かす
17         self.x = self.x + self.dx
18         self.y = self.y + self.dy
19         # 次の位置に円を描画する
20         self.draw(canvas)
21         # 端を超えていたら反対向きにする
22         if (self.x >= canvas.winfo_width()):
23             self.dx = -1
24         if (self.x <= 0):
25             self.dx = 1
26         if (self.y >= canvas.winfo_height()):
27             self.dy = -1
28         if (self.y <= 0):
29             self.dy = 1
30
31     def draw(self, canvas):
32         self.mae = canvas.create_oval(self.x - 20, self.y
- 20, self.x + 20, self.y + 20, fill=self.color, width=0)
33
34 class Rectangle(Ball):  ──四角形を描くクラス
35     def draw(self, canvas):
36         self.mae = canvas.create_rectangle(self.x - 20, self.y
- 20, self.x + 20, self.y + 20,  fill=self.color, width=0)
37
38 class Triangle(Ball):
39     def draw(self, canvas):  ──三角形を描くクラス
40         self.mae = canvas.create_polygon(self.x, self.y - 20,
self.x + 20, self.y + 20,  self.x - 20, self.y + 20, fill=self.
color, width=0)
41
```

（3〜29行目）オーバーライドしていないから、この2つのメソッドはRectangleでもTriangleでも同じものが使われる

（次ページへ続く）

（前ページの続き）

```
42  # 円、四角形、三角形を、まとめて用意する
43  balls = [
44      Ball(400, 300, 1, 1, "red"),
45      Rectangle (200, 100, -1, 1, "green"),
46      Triangle(100, 200, 1, -1, "blue")]
47  
48  def loop():
49      # 動かす
50      for b in balls:
51          b.move(canvas)
52      # もう一回
53      root.after(10,loop)
54  
55  # ウィンドウを描く
56  root = tk.Tk()
57  root.geometry("800x600")
58  
59  # Canvas を置く
60  canvas = tk.Canvas(root, width = 800, height = 600, bg="#fff")
61  canvas.place(x = 0, y = 0)
62  
63  # タイマーをセット
64  root.after(10, loop)
65  
66  root.mainloop()
```


プログラミングに慣れたら立ち戻ろう

クラスとオブジェクトは、やや難しい概念なので、身につけて活用するまでには、しばらく時間がかかることでしょう。クラスとオブジェクトを使うことは、必須ではありません。焦らずに、じっくりと進めてください。

クラスとオブジェクトはプログラミングの考え方や設計の問題を含むため、最初のうちは、ピンとこないのが当たり前なのです。

むしろ、クラスとオブジェクトを使わずに、しばらくプログラミングを進めてから、改めてクラスとオブジェクトを学ぶと、「こういうときにクラスとオブジェクトが使えそうだな」という、使い場所が見えてくるはずです。

COLUMN

さらにプログラミングを学ぶには

この章までで、Pythonのほとんどを説明しました。ここから先は、自分が興味がある分野について、さらに市販の参考書などで学んでいくとよいでしょう。
Pythonに限らず、プログラミングの学習書には、主に2つのタイプがあります。

①言語の文法や書き方などを解説した書物

プログラミング言語の文法や書き方などの基本を解説した書物です。本書は、こちらのタイプに属します。本書ではあまり触れていない、クラスやオブジェクトに関するより深いことや便利な機能、書き方のテクニックなどを習得したい人は、こちらのタイプの本を選ぶとよいでしょう。

②実践的な書物

実例を挙げて、何かを実現する方法を紹介した書物です。たとえば「ゲームを作る」「ウェブのシステムを作る」「機械学習をやってみる」など、何か目的があって、それを実現するためのサンプルが具体的に紹介されているタイプです。
Pythonの場合は「自動化」や「省力化」という分野も盛んで、「自動でWordやExcelなどを操作する」「数行のプログラムでExcelのデータを集計する」「Excelファイルを全部まとめてPDFにする」「Excelの特定のセルの値を、別のファイルにまとめる」など、ビジネスの分野ですぐに活用できそうな実例を扱ったものも数多いです。

プログラミングを学習していくときは、この①と②を組み合わせて習得するのがよいでしょう。本書の内容は①の基本は終えているので、さらに学習を進めたければ、まずは書店に行って、②のタイプの本から「やってみたいもの」を選ぶとよいでしょう。

②のタイプの書物は実践が中心なので、細かいプログラミングの解説をしていないものも多いです。そうしたときは、改めて①のタイプの書物を選んで読んでみるというように、互いに補完するように学習していくと、プログラミング技術の身の付き方が早いです。

Chapter 8

画像認識にチャレンジ

最終章となるChapter 8では、学習の仕上げとして、実用的なAIプログラミングに挑戦します。
画像認識して、何が写っているのかを検出するプログラムです。

Lesson 8-1

何が写っているかが分かります

AIに挑戦

最終章では、近頃話題の「AI（人工知能）」に挑戦します。写真に何が写っているのかが分かるプログラムを作ります。

AIって聞くと、難しそうですが……

モジュールを使うと簡単に作れますよ！

カメラで取り込んだ画像を認識する

画像認識は、AIに関するひとつの分野です。AIの実現には、いくつか方法がありますが、その多くは大量の事例（テキストや画像など）を事前にコンピュータに取り入れて、複雑な計算をして類似性などのパターンを学習し、そこから推論することで実現しています。こうした学習と推論に基づくAIは、「**機械学習**」と呼ばれます。

画像認識するには大量の写真を用意し、それぞれ、どの範囲に何が写っているかを示したデータを紐付けて覚え込ませておきます（**学習**）。そうしておくと、カメラなどで撮影した映像を読み込ませたときに「何が写っているのか」「どこに写っているのか」が分かるようになります（**推論**）。

こうした機械学習はすでに実用化されていて、たとえば工場などでベルトコンベアを流れる製品から不良品を検出したり、ドローンで電線を撮影して切れそうなところがないかを調べたり、道路を撮影して車の交通量を自動でカウントしたり、車の自動運転時に道路の白線や信号、歩行者や障害物などを検知するのに使われています。

図8-1-1 画像認識の実用的な例

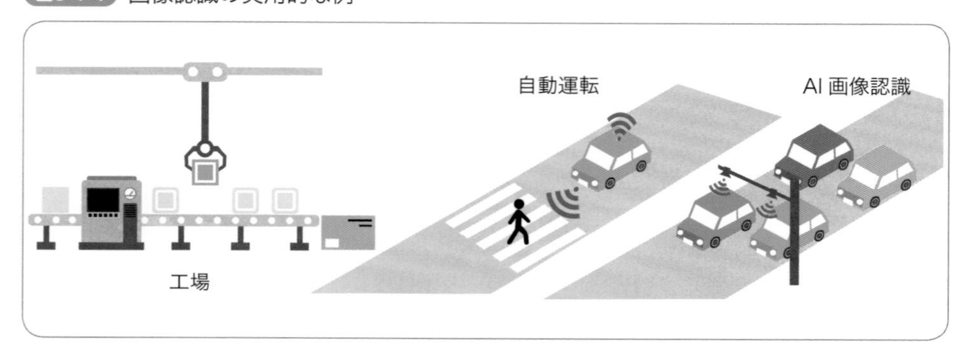

Pythonで画像認識するには

Pythonには、画像認識の機能はありません。そこで、外部からこうした処理ができる追加の機能を拝借し、Pythonとつなぎ合わせて実現します **(図8-1-2)**。

Lesson 1-1　プログラムとは命令を集めたもの➡P.8で説明したように、誰かが作ったプログラムを拝借することも、作業効率をアップさせる工夫の1つでしたね。

この章では、画像の「どこに何が写っているのか」を判定できる「**YOLOv8**」という機能を追加して、プログラムを作っていきます。

図8-1-2　Pythonで画像認識する

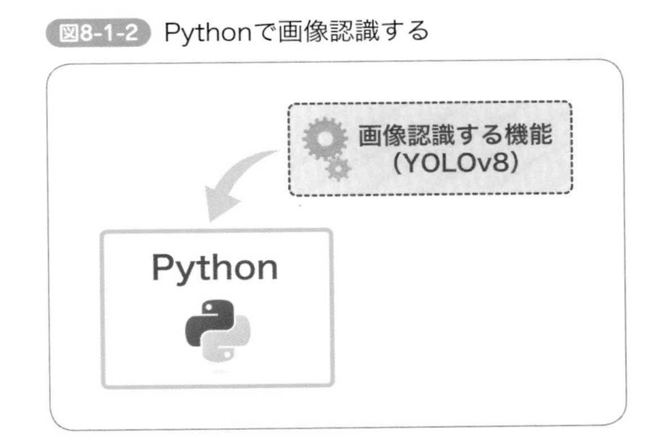

この章で作るもの

この章では、明治のお菓子「きのこの山」と「たけのこの里」をバラバラとお皿に並べたものを読み込み、どちらがどこに写っているのかを線で囲んで視覚化し、最終的には「きのこの山」と「たけのこの里」が、それぞれいくつ写っているかをカウントするプログラムまで作ります。

画像認識機能であるYOLOv8は、最初は、「きのこの山」や「たけのこの里」の形状を知りません。そのため、写っている「お皿」しか認識できなかったり、類似した別のモノと誤認識したりします。しかし、「きのこの山」や「たけのこの里」が写っている画像を何十枚か学習させると、それを覚えて、判定できるようになります。

図8-1-3　「きのこの山」と「たけのこの里」を判別する

最初は、お皿(bowl)しか認識しない

学習

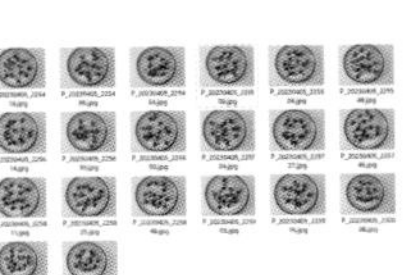

学習させると、「きのこ」と「たけのこ」が識別できるようになる！

Lesson 8-2

Pythonに機能を追加する仕組み

Pythonに機能を追加するモジュール

Pythonで画像認識する機能は、モジュールとして提供されています。モジュールは、いくつかの機能がまとめられてパッケージ化されており、インストールすることで、さまざまな機能をPythonに追加できるようになります。

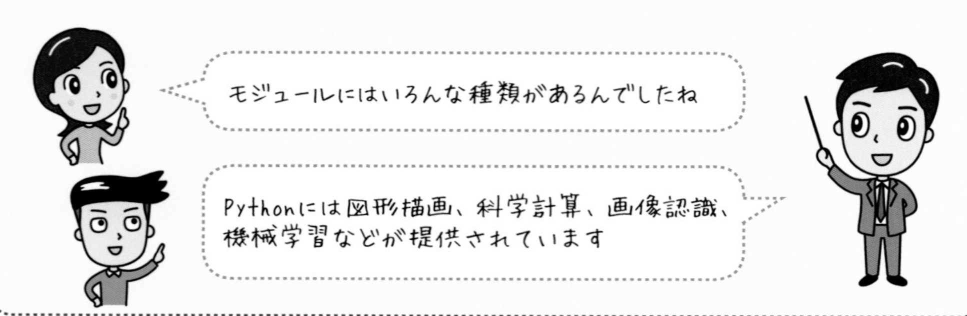

Pythonに機能を追加する

モジュールの代表的なものは、例えば、WordやExcelなどのOfficeファイルの読み書き、PDFの読み書き、そして、科学計算やグラフの描画、画像操作、それから今回のような画像認識をはじめとした機械学習などが挙げられます **(図8-2-1)**。

図8-2-1 モジュールでPythonに機能を追加する

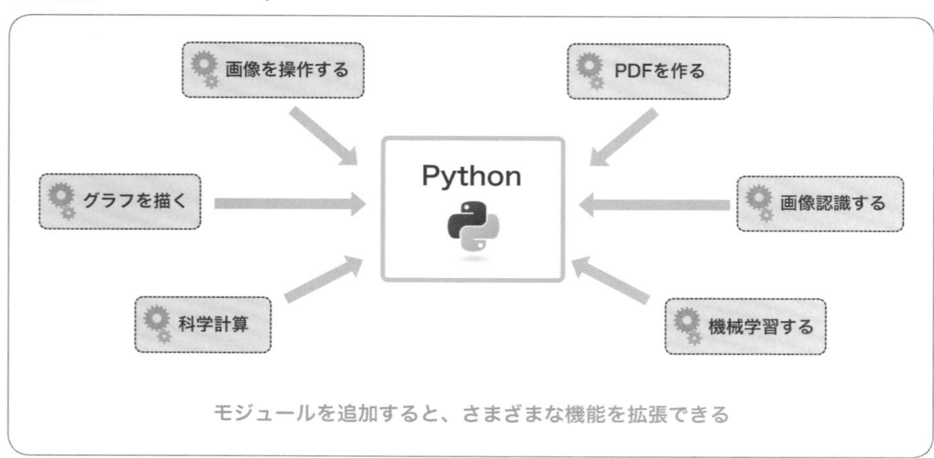

パッケージをインストールするためのpipコマンド

Pythonに機能を追加するためのモジュールは、世界中でさまざまな開発者が作っています。これらのモジュールは、本来であれば、その開発者のホームページなどから探してダウンロードし、インストールする必要があります。

しかしPythonでは、「**Python Package Index（PyPI）**」と呼ばれるWebサイトに、世界中の開発者が作ったモジュールがまとめられています。PyPIには、モジュールを実際にインストールできるような形でパッケージ化されたものが登録されているのです。

モジュールを使いたい人は、開発者のサイトをあちこち探さなくても、PyPIに登録されているものすべてを1か所からダウンロードできる仕組みになっています。

それでは、PyPIから使いたいモジュールを1つずつダウンロードしなくてはいけないのかというと、そういうわけでもありません。

Pythonには、**pipコマンド**（もしくはpip3コマンド）が標準で含まれています。このコマンドを使って、使いたいパッケージ名・モジュール名を指定すると、PyPIからダウンロードしてインストールするという手順が一括で完了します**（図8-2-2）**。

MEMO

1つのモジュールを利用するために「別のモジュール」が必要なこともあります。こうした前提となるモジュールとの関係を「依存関係」と言います。pipコマンドでインストールしたとき、前提となるモジュールがインストールされていない場合は、その前提となるモジュールも自動的にダウンロードできます。前提となるモジュールを探したり、1つ1つインストールしたりする必要はありません。

図8-2-2 PyPIに登録されたものをpipコマンドでインストールする

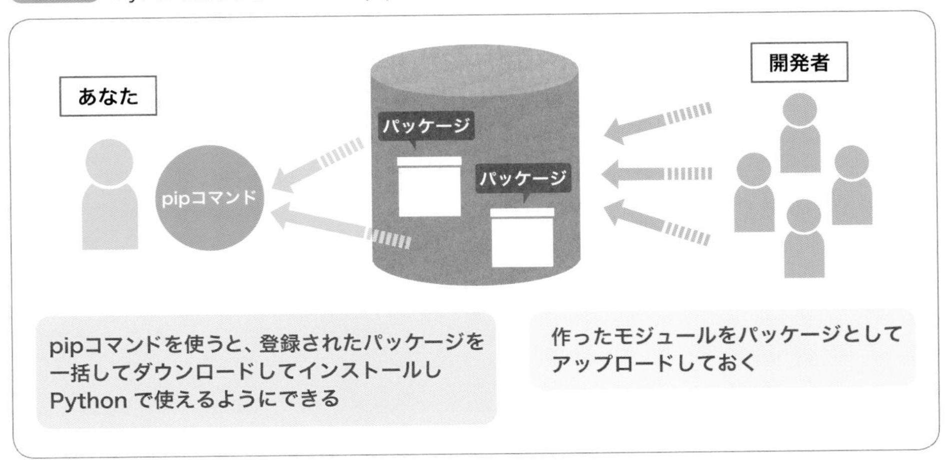

登録されているパッケージは、PyPIのサイトで確認できます**（図8-2-3）**。

メニューから［プロジェクトを閲覧する］をクリックすると、カテゴリ別にパッケージ一覧を参照したり、検索したりできます。書籍や雑誌などでモジュールを使っているサンプルが掲載されていて、モジュール名は分かるけれども、もっと詳しいドキュメントを見たいなどという場面では、ここから探すとよいでしょう。

▶ **https://pypi.org/**

MEMO

PyPIの一覧が、利用できるパッケージのすべてではありません。PyPIに登録されていないパッケージもあります。そうしたパッケージは、提供している開発者のサイトにアクセスし、その開発者が指定する方法でインストールします。

図8-2-3 PyPIのサイト

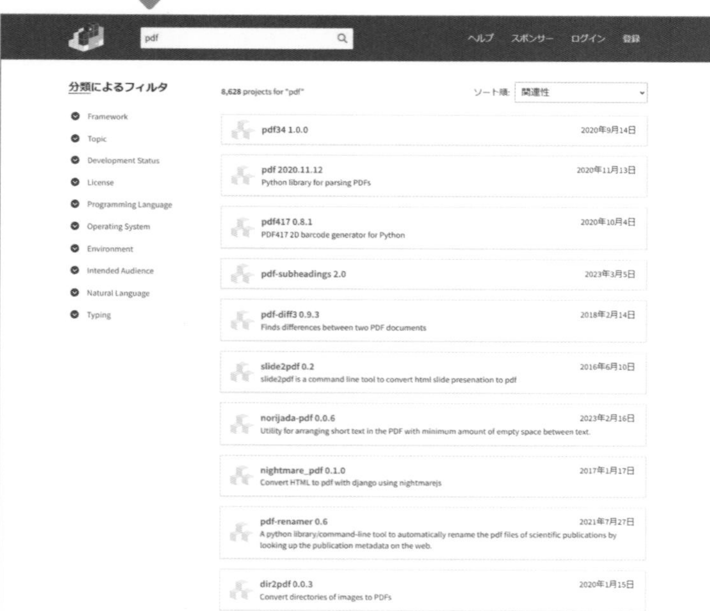

Lesson 8-3

画像に写っているモノが分かります

物体検出ライブラリ「YOLOv8」を使ってみよう

Pythonで画像認識できるライブラリには、いくつかあります。この章では、Ultralytics社が開発している物体検出モデルの「YOLOv8」をインストールして、画像認識を体験しましょう。

物体検出する「YOLOv8」

YOLOv8は、リアルタイムに物体検出する手法である「**YOLO**」のバージョン8です。

YOLOv8を使うと、写真の「どの位置に」「何が写っているか」が確からしさ（0～1の値。1に近いほど確からしい）とともに分かります。

MEMO

YOLOは、You Only Look Onceの略です。一回だけの処理（Only Once）にして処理を高速化しているのが特徴です。YOLOの登場前の多くの画像認識処理では、何度も繰り返し画像を処理していたので、時間がかかっていました。

図8-3-1 YOLOv8でできること

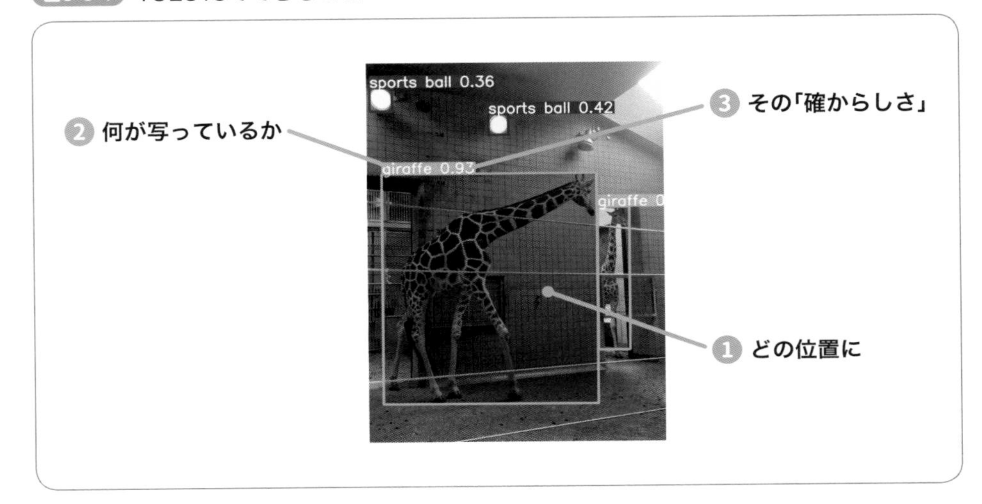

YOLOv8をインストールしよう

YOLOv8は下記のサイトで配布されていますが、pipコマンドを使うと、PyPIから簡単にインストールできます。インストール方法は、WindowsとMacとで異なります。

▶ **https://github.com/ultralytics/ultralytics**

MEMO

YOLOv8は、「GPL 3.0」と呼ばれるライセンスです。YOLOv8を使った製品（たとえば画像認識機能付きのソフトや、それを組み込んだカメラ製品など）を作る場合は、組み込んだソフトのソースコード（私たちが記述しているプログラム）の公開義務があります。

Windowsの場合

pipコマンドを使って、次のようにインストールします（以降で説明するMacでの方法と同様に、pipコマンドの代わりにpip3コマンドを使ってもインストールできます）。

① コマンドプロンプトを起動します

Windowsの［スタート］メニューの［検索］に「コマンド」と入力して、「**コマンドプロンプト**」を見つけ、それをクリックして起動します（**図8-3-2**）。

図8-3-2 コマンドプロンプトを起動する

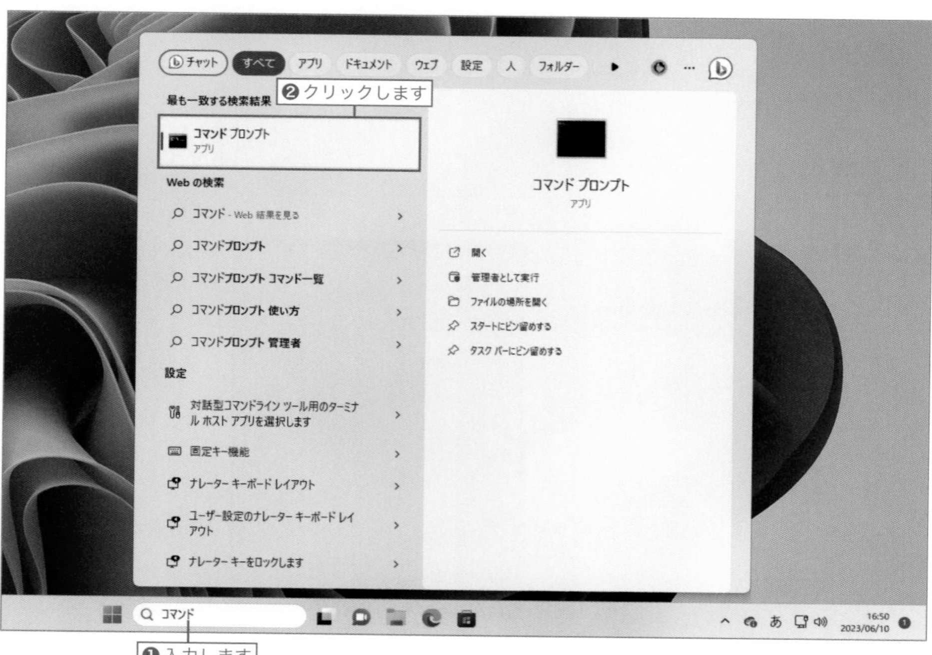

❷ pipコマンドでYOLOv8をインストールする

コマンドプロンプトに、次のように入力します。すると、YOLOv8に加えて、ほかにも必要なモジュールがまとめてインストールされます **(図8-3-3)**。

```
pip install ultralytics [Enter]
```

図8-3-3 pipコマンドを入力してインストールする(Windows)

```
コマンド プロンプト - pip install ul

C:\Users\osawa>pip install ultralytics
Collecting ultralytics
  Downloading ultralytics-8.0.115-py3-none-any.whl (595 kB)
     ━━━━━━━━━━━━━━━━━━━━━━━━━━━━━━━━━━━━━━━━ 595.6/595.6 kB 1.0 MB/s eta 0:00:00
Collecting matplotlib>=3.2.2
  Downloading matplotlib-3.7.1-cp311-cp311-win_amd64.whl (7.6 MB)
     ━━━━━━━━━━━━━━━━━━━━━━━━━━━━━━━━━━━━━━━━ 2.6/7.6 MB 374.7 kB/s eta 0:00:14
```

Macの場合

Macの場合は、次のようにしてインストールします。一部のMacでは、pipコマンドを使うと、Macに最初からインストールされている古いPython(Pythonのバージョン2系など)が使われてしまうことがあるので、下記に示すように、pip3コマンド(こちらを実行すると、確実にPythonのバージョン3が動きます)を使います。

❶ ターミナルの起動

LaunchPadを起動して、[その他] → [ターミナル] をクリックし、**ターミナル**を起動します **(図8-3-4)**。

図8-3-4 ターミナルの起動

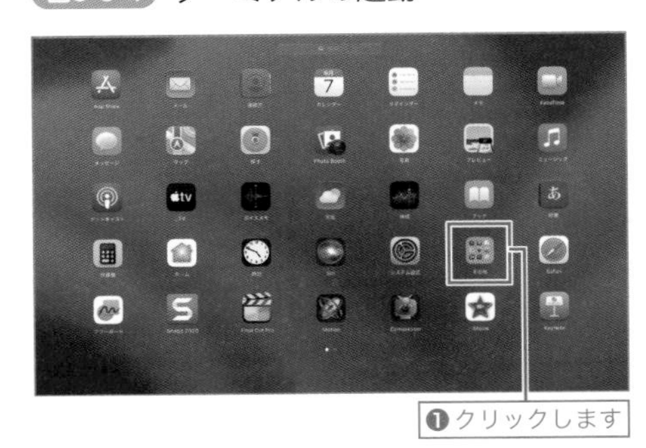

❶クリックします

❷クリックします

② pip3コマンドでYOLOv8をインストールする

ターミナルに次のように入力すると、YOLOv8に加えて、ほかにも必要なモジュールがまとめてインストールされます **(図8-3-5)**。

```
pip3 install ultralytics [return]
```

図8-3-5 pipコマンドを入力してインストールする(Mac)

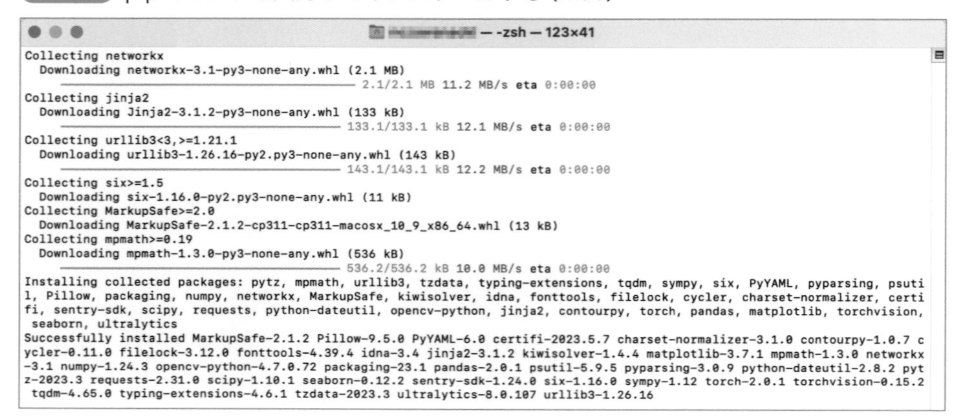

使用しているMacの環境によっては、「コマンドライン・デベロッパ・ツールが必要です。ツールを今すぐインストールしますか？」と表示される場合があります。[インストール] ボタンをクリックして、インストールします。その後、使用許諾が表示されたら許諾し、インストールを進めてください **(図8-3-6)**。

図8-3-6 コマンドライン・デベロッパ・ツールをインストールする

物体検出してみよう

YOLOv8をインストールすると、コマンドプロンプトやターミナルから「**yolo**」というコマンドを使って、物体検出できるようになります。Pythonでプログラミングする前に、まずは、このコマンドで物体検出してみましょう。

yoloコマンドは、自分のパソコンに保存しているファイルやインターネット上のファイルを物体検出の対象にできます。ここでは、ソーテック社のサポートサイトに置いた次の画像から物体検出してみましょう（**図8-3-7**）。

▶ **http://www.sotechsha.co.jp/sp/1321/img.jpg**

図8-3-7 サンプルの画像

yoloコマンドを実行する

Windowsの場合

コマンドプロンプトから、次のコマンドを入力します。

```
yolo predict model=yolov8n.pt source="http://www.sotechsha.co.jp/
sp/1321/img.jpg" save Enter
```

オプションの意味は、以下の通りです。

・predict

yoloコマンドを**物体検出モード**で実行することを指定します（「Lesson 8-5　画像を学習させよう」で説明しますが、画像を学習させるモードなど、物体検出以外のモードもあります）。

・model

利用する学習モデルを指定します。YOLOv8には、「そこそこの検出能力だがメモリの消費量が少なく高速なもの」や「検出能力が高くメモリの消費量も多いが低速なもの」など、いくつかのモデルが用意されています。ここで指定しているyolov8n.ptは、速度を優先にしたモデルで、もっともメモリの消費量が少なく高速な一方、検出能力は少し劣るものです。

・source

対象の画像を指定します。

・save

処理結果をファイルとして保存することを指定します。

MEMO

YOLOv8コマンドの詳細については、公式ドキュメント（https://docs.ultralytics.com/usage/cli/）を参照してください。

MEMO

物体検出した画像は、デフォルトでは幅640ピクセルに縮小されます。これはyoloコマンドを実行する際、imgszオプションで指定できます（たとえばimgsz=800を指定すると、800ピクセルになります）。

saveオプションを指定しているので、処理結果がファイルとして保存されます。

図8-3-8に示すように、最終行に「Results saved to runs\detect\predict」のように保存先が表示されます（predictフォルダがすでにあるときは、predict2、predict3などの連番になります）。

次のように**startコマンド**を実行すると、そのフォルダがエクスプローラで開き、保存されたファイルを確認できます**（図8-3-9）**。

```
start runs\detect\predict [Enter]
```

保存されたファイルをダブルクリックして開くと、写真に写っている「キリン」が「giraffe」として検出されているのが分かります。また「ライト」は、「sports ball（競技用のボール)」として検出できていることが分かります(**図8-3-10**)。

MEMO

コマンドを実行すると、実行したフォルダにsourceで指定したファイル(この例ではimg.jpg)がダウンロードされ、2回目以降はダウンロードされません。誌面で掲載しているのと異なる画像が表示された場合は、コマンドプロンプトやターミナルで開いているフォルダにimg.jpgというファイル名がないかを確認し、もしあれば、削除してから再実行してみてください(具体的には、Windowsでは「del img.jpg」、Macでは「rm img.jpg」と入力すると、削除できます)。

図8-3-8 yoloコマンドを実行し、startコマンドでフォルダを開く

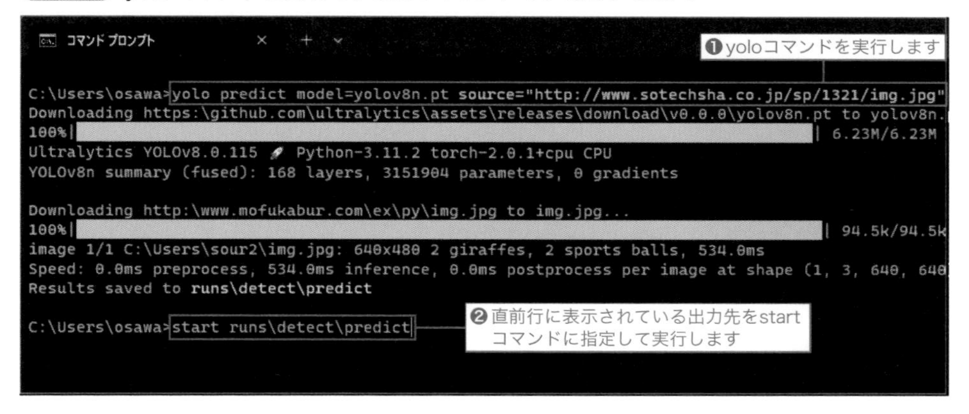

図8-3-9 エクスプローラで確認したところ

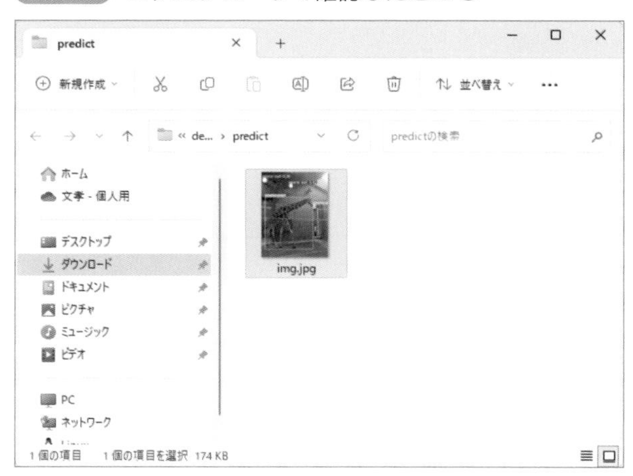

図8-3-10 物体検出の結果

Macの場合

Macの場合も、Windowsと同様です。ターミナルから次のコマンドを入力します。

```
yolo predict model=yolov8n.pt source="http://www.sotechsha.co.jp/
sp/1321/img.jpg" save [return]
```

Macの場合、保存されたファイルを確認するには、次のようにopenコマンドを実行すると保存されたフォルダがFinderウインドウで表示されます（**図8-3-11**）。フォルダから画像をダブルクリックして開けば、その画像を確認できます。

```
open runs/detect/predict [return]
```

図8-3-11 Finderウインドウで確認したところ

COLUMN

YouTubeの動画を物体検出する

yoloコマンドでは、sourceに「YouTubeのURL」を指定すると、YouTubeの動画も物体検出できます。このとき「save」の代わりに「show」を指定すると、YouTubeの動画を再生しながら、リアルタイムで物体検出できます（停止するには、コマンドプロンプトでCtrl＋Cキーを押します）。

```
yolo predict model=yolov8n.pt source="https://youtu.be/8AofC2j
cxss" show Enter
```

なお、この方法は、一部のMac環境では利用することができません。Mac環境でもpafyパッケージやyoutube-dlパッケージをインストールすることで実現できますが、証明書の設定が必要だったり、youtube-dlを最新化したりするなど複雑な操作が必要となるので、本書での手順は割愛します。

図8-3-12 動画を検出した例

Lesson 8-4

選んだ画像ファイルを表示します

ウィンドウに画像を表示しよう

画像検出するには、画像ファイルの読み込みが必要です。まずは、画像ファイルを読み込んで、それをウィンドウに表示するところまでを作ります。

画像を表示するのは難しそう…

ファイルを読み込んだあとは、円や四角形などを描くのと同じです。tkinterを使います

画像ファイルを読み込んで表示する

まずは、画像ファイルを読み込んで、それを画面に表示するところから始めます。Chapter 6やChapter 7では**tkinter**を使い、ウィンドウでゲームができるようにしたり、動く円を描いたりしました。この仕組みを使って画像ファイルを読み込んで、ウィンドウに表示できるようにします。

はじめにウィンドウを作って、その上に**Canvas**を配置します。Canvasの下には［開く］ボタンを設け、クリックされたときにはファイルを選択できるようにし、選択したファイルを、そのCanvasへと描画する仕組みを作ります **(図8-4-1)**。

図8-4-1 画像ファイルを読み込んで表示する

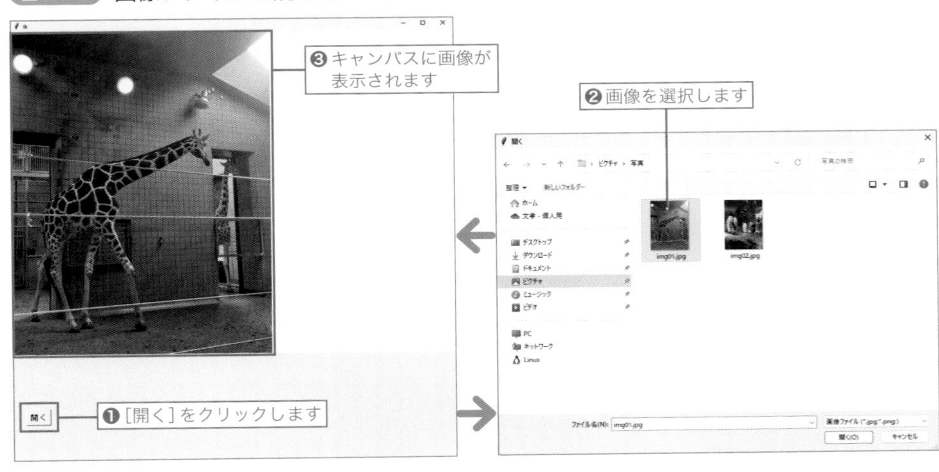

ウィンドウとボタンを作る

図8-4-1に示したウィンドウを作るプログラムを示します。これは、Lesson 6-4 ボタンが押されたときにメッセージを表示しよう➡P.164で作ったプログラムとほとんど同じです。ウィンドウのサイズは1024×1024の大きさにしました。

［開く］ボタンがクリックされたときの処理は**ButtonClick**という関数として作り、ひとまず、「ここでファイルを開きます」というメッセージを表示する処理にしています。

List example08-04-01.py

```
01  import tkinter as tk
02  import tkinter.messagebox as tmsg
03  
04  # ファイルを開く処理
05  def ButtonClick():
06      # ひとまずメッセージを表示する
07      tmsg.showinfo("テスト", "ここでファイルを開きます")
08  
09  # ウィンドウを描く
10  root = tk.Tk()
11  root.geometry("1024x1024")
12  
13  # キャンバスを置く
14  canvas = tk.Canvas(root, width = 1024, height = 768, bg = "white")
```

（次ページへ続く）

```
15 canvas.place(x = 0, y = 0)
16
17 # [開く] ボタンを置く
18 openbutton = tk.Button(root, text = "開く",
19     font=("Helvetica", 14), command = ButtonClick)
20 openbutton.place(x = 30, y = 900)
21
22 # ウィンドウを表示する
23 root.mainloop()
```

ファイル名を尋ねる

example08-04-01.pyを実行するとウィンドウが表示され、[開く] ボタンをクリックしたときに、「ここでファイルを開きます」というメッセージが表示されるところまで確認したら、次に**ButtonClick関数**に、画像ファイルを開いてキャンバスに表示する処理を加えていきます。

最初から画像ファイルを表示するのは複雑なので、いったん、画像ファイル名を尋ねて、入力されたファイル名をメッセージとして表示するというところまで作ってみましょう。

tkinterでは、filedialogモジュールの**askopenfilename関数**を使うと、ファイル名を選択する画面を表示できます。

プログラムの冒頭で、このモジュールを使えるようにするためインポートします。インポートには、いくつかの書き方がありますが、ここでは、次の**from構文**を使ってインポートします。

```
from tkinter import filedialog
```

これは、tkinterというパッケージに含まれている**filedialog**というモジュールをインポートするという意味です。この構文で読み込むと、以下「**filedialog.関数名**」の表記で、このfiledialogモジュールに含まれている、さまざまな関数を利用できます。

実際にファイルを尋ねるには、**askopenfilename関数**を使います。この関数を実行すると、ファイル名を選択する画面を表示できます。関数の括弧のなかには、ファイルの種類と拡張子をカンマで区切って渡します。左辺には、ユーザーが選択したファイル名を受け取る変数名を記述します（ここでは左辺をfilenameという名前の変数にしましたが、別の名前の変数でもかまいません）。

図8-4-2 ファイル名を尋ねる

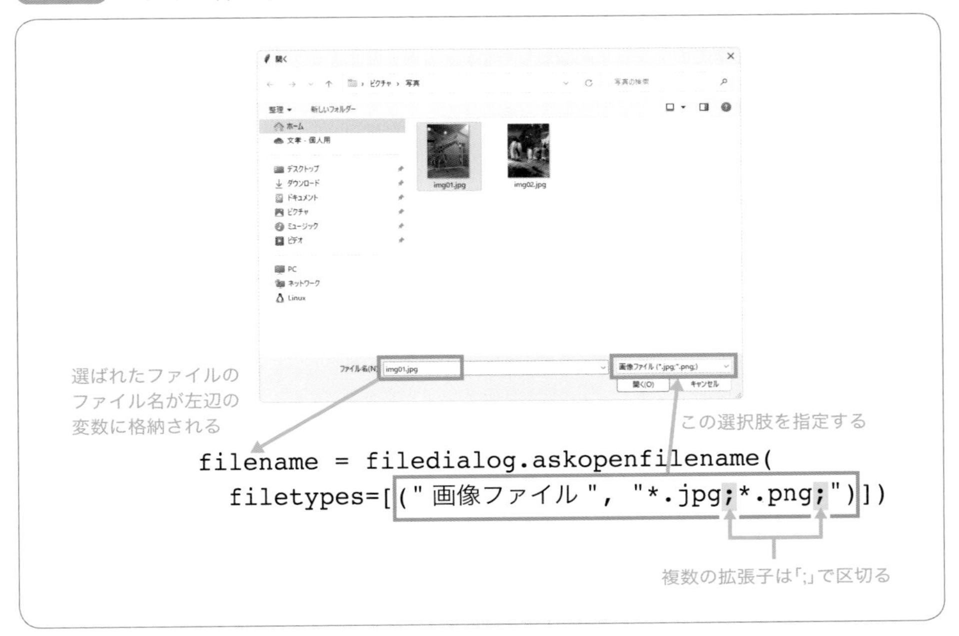

ユーザーがファイルを選択したときは、この左辺に指定した変数にファイル名が格納されます。選択しなかったとき（キャンセルしたとき）は、filenameの内容は空欄です。

そこで、**ButtonClick関数**を次のように変更すれば、ユーザーに画像ファイルを選ばせて、選んだファイル名を画面に表示できます。

```
# ファイルを開く処理
def ButtonClick():
        # 開くファイルを尋ねる
        filename = filedialog.askopenfilename(
            filetypes = [("画像ファイル", "*.jpg;*.png;")])
        if filename:
            # 選んだファイル名を表示する
            tmsg.showinfo("入力されたファイル名", filename)
```

Macの場合

ただしMacの場合は、「*.jpg;*.png;」のように複数の拡張子をひとまとめに設定できないため、上記のプログラムではファイルを正しく選択できません。

そこで、5行目のfiletypesの設定を、次のように「JPEG形式」と「PNG形式」で分けて設定するようにしてください。

```
filetypes = [("JPEG形式", "*.jpg"),("PNG形式", "*.png")]
```

画像ファイルを読み込んでキャンバスに表示する

次に、その画像ファイルを開いて、画像として表示するところを作ります。

Pythonで画像を扱う方法は、いくつかありますが、**Pillow**というパッケージを使うことがほとんどです。このパッケージはPythonに標準で含まれるものではないため、本来は、別途pipコマンド（pip3コマンド。以下同じ）などでインストールしなければならないものです。しかし、本書の場合は、Lesson 8-3　物体検出ライブラリYOLOv8を使ってみよう➡P.237にて、YOLOv8をインストールしたときに一緒にインストールされています。

MEMO

YOLOv8をインストールしたときにPillowがインストールされるのは、YOLOv8が、その実行に内部でPillowを必要としているためです（依存関係）。

Pillowは**PIL**というパッケージ名で提供されていて、画像に関するさまざまな機能（関数）が含まれています。tkinterで画像表示するには、**Image**と**ImageTk**の２つをインポートします。前者は画像全般を扱うもの、後者はtkinterにおいて画像を扱うものです。

```
from PIL import Image,ImageTk
```

MEMO

パッケージがPillowなのに、importで指定する名前がPILなのは歴史的な理由があります。PILは、古くからあるPython用の画像モジュールでしたが途中で開発が終了し、その後継がPillowです。こうした経緯から、入れ替えても動くように、同じ名称が使われているのです。

Pythonで純粋に画像を扱う場合は、Imageを使います。次のように**Image.open関数**を実行すると、画像ファイルを**Image形式**として読み込んで、左辺の変数に格納できます（ここでは格納する変数の名前をimgとしましたが、これは著者が決めた名前であり、別の名前でもかまいません）。

```
# 画像を読み込む（filenameはユーザーが選択したファイル名）
img = Image.open(filename)
```

tkinterで扱うには、これを**PhotoImage**というデータ形式に変更します。変更には、**ImageTk.PhotoImage関数**を使います。実行するときの引数には、「image=画像データ」を指定します。すると左辺に指定した変数に、tkinterで使える形式のデータが格納されます（ここでは格納する変数の名前をpimgとしましたが、これは著者が決めた名前であり、別の名前でもかまいません）。

```
# PhotoImage 形式に変換
pimg = ImageTk.PhotoImage(image = img)
```

MEMO

別解として、「ImageTk.PhotoImage(file=filename)」と記述することで、Image形式データの作成を省略して、直接、PhotoImage形式として読み込むこともできます。しかし本書では、次のLessonでYOLOv8での画像処理を入れたいため、あえて、一度Image形式データの作成をして、それから変換する処理にしています。

こうして読み込んだ画像データは、Chapter 7で円を描くときに使ったcreate_oval関数に似た**create_imageメソッド**を使って、キャンバスに描画できます。描画するには、その位置を示す座標と、表示したい**PhotoImage形式**の画像を指定します。座標は、通常、画像の中心座標を指定しますが、それだと分かりにくいので、ここでは左上の座標を指定することにします。それには、「**anchor=tk.NW**」という指定を追加します。

このときcreate_oval関数と同様に、作成した画像を示す値が得られるので、それを変数に保存しておき、後で削除できるようにしておきます（ここでは格納する変数の名前をbeforeimgとしましたが、これは著者が決めた名前なので、別の名前でもかまいません）。

```
beforeimg = canvas.create_image(0, 0, anchor = tk.NW, image = pimg)
```

図8-4-3 画像を表示するまでの流れ

COLUMN

tk.NWの意味

anchorに指定している「tk.NW」は「Nは北（Notrh）」「Wは西（West）」の意味です。
右図の起点を指定できます（本書では「import tkinter as tk」としているので「tk.」です。ほかの名前でインポートした場合、「tk.」の名前は変わります）。

図8-4-A 指定できる起点

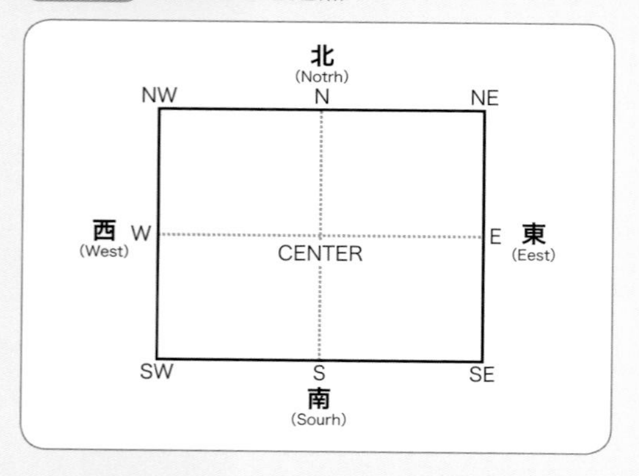

ここまで説明してきた処理をまとめて、画像を選択して表示するプログラム全体を**example08-04-02.py**に示します。

いままで説明した内容と同じですが、表示する前に前回の画像を削除する処理を入れています。これは、Chapter 7で説明した「クリックした場所に円を描く」と同様で、**delete**を使って削除する処理です。この処理がないと、もう一度［開く］ボタンをクリックして画像ファイルを選択したときに、いま表示されている画像が残ったまま、その上に重ねて表示されてしまいます。

```
# 前回の画像を削除
if beforeimg is not None:
    canvas.delete(beforeimg)
```

またもう一点、注目すべき点として、PhotoImageデータを保存する変数であるpimgを**global指定**しているところがあります。

```
global beforeimg, pimg
```

これは、この関数の処理が終わっても、PhotoImageデータを保存した変数を破棄しないための指定です。

通常、関数内で使った変数は、関数の実行が終わると消えてしまいます。ほとんどの場合それで問題ないのですが、tkinterではPhotoImageデータがなくなると画像が表示されなくなってしまうため、関数の実行が終わっても変数が指し示す画像データを残しておくために、このように記述しておくことが必要です。

List example08-04-02.py

```
01 import tkinter as tk
02 import tkinter.messagebox as tmsg
03 from tkinter import filedialog
04 from PIL import Image,ImageTk
05
06 # 前回表示した画像
07 beforeimg = None
08
09 # ファイルを開く処理
10 def ButtonClick():
11     global beforeimg, pimg
12
13     # 開くファイルを尋ねる
14     filename = filedialog.askopenfilename(
15         filetypes = [("画像ファイル", "*.jpg;*.png;")])
16         # macOSの場合は上記を下記に変更
17         # filetypes=[("JPEG形式", "*.jpg"), ("PNG形式", "*.png")])
18     if filename:
19         # 前回の画像を削除
20         if beforeimg is not None:
21             canvas.delete(beforeimg)
22
23         # 画像を読み込む
24         img = Image.open(filename)
25         # PhotoImage形式に変換
26         pimg = ImageTk.PhotoImage(image = img)
27         # 画像の配置
28         beforeimg = canvas.create_image(0, 0, anchor = tk.NW,
   image = pimg)
29
30 # ウィンドウを描く
31 root = tk.Tk()
32 root.geometry("1024x1024")
33
34 # キャンバスを置く
35 canvas = tk.Canvas(root, width = 1024, height = 768, bg = "white")
36 canvas.place(x = 0, y = 0)
37
38 # [開く]ボタンを置く
39 openbutton = tk.Button(root, text="開く",
40     font=("Helvetica", 14), command = ButtonClick)
41 openbutton.place(x = 30, y = 900)
42
43 # ウィンドウを表示する
44 root.mainloop()
```

Lesson 8-5

何が写っているかを枠で表示します

Pythonで物体検出しよう

読み込んだ画像をYOLOv8で処理して、物体検出しましょう。写っているモノが枠で囲んで表示されるようになります。

YOLOv8で処理してから画像表示する

これで画像を読み込んで表示するところまでできました。次に、読み込んだファイルをYOLOv8で物体検出してから、画面に表示するようにしてみましょう。そのためには、**Image**として読み込んだ後にYOLOv8で物体検出して、その検出後の画像を**PhotoImage**に変換して表示します。

図8-5-1 YOLOv8で物体検出した結果を表示する流れ

❶ Image形式として読み込み

```
img = Image.open(filename)
```

ここにimgをYOLOv8で物体検出する処理を入れる

❷ PhotoImage形式に変換

物体検出後の画像データを変換するように修正する

```
pimg = ImageTk.PhotoImage(image = img)
```

❸ キャンバスに配置

```
beforeimg = canvas.create_image(
                    0, 0, anchor=tk.NW, image = pimg)
```

YOLOは、**ultralyticsパッケージ**（これは開発元の会社名です）に**YOLO**という名前で含まれています。使うには、これをインポートします。

```
from ultralytics import YOLO
```

こうしてYOLOをインポートしたら、まずは、次のようにして、モデルを作ります（左辺のmodelは変数名であり、好きな変数名でかまいません）。

```
# YOLOv8の準備
model = YOLO("yolov8n.pt")
```

括弧のなかに指定している**yolov8n.pt**は、物体検出に使う**学習済みのモデル**です。

YOLOv8には、「yolov8n」「yolov8s」「yolov8m」「yolov8l」「yolov8x」の5種類のモデルが提供されています。これらの違いはモデルの規模で、処理速度と物体検出能力が異なります。ここで指定している「yolov8n」は、もっとも処理速度が速い一方で、物体検出能力はほかに比べて劣るものです。もっとも性能がよいのが「yolov8x」ですが、処理に時間がかかりますし、メモリも多く必要とします。

上記のように作成したモデルは、オブジェクトです。このオブジェクトに備わるさまざまなメソッドを使って、物体検出していきます。**predetect**というメソッドを使うと、物体検出処理して、その結果を得られます。

predetectに対象の画像を渡す方法は、いくつかありますが、そのひとつに、対象の画像を**Image形式のデータ**として渡すやり方があります。ここまでの処理では、変数imgに対象画像をImage形式データとして読み込んでいるので、次のように書けます（左辺のresultは変数名であり、好きな名前でかまいません）。

```
result = model.predict(source = img)
```

MEMO

ここでは、これまでの解説の流れから、sourceにImage形式データを渡していますが、別解として、image=filenameのようにimageにファイル名を指定する方法もあります。また、複数のファイル名を渡したり、ファイルの置き場所をURLで指定したり、動画のデータを渡したりすることもできます。詳細は、公式ドキュメント（https://docs.ultralytics.com/modes/predict/）を参照してください。

ここでは括弧のなかに物体検出の対象ファイルを1つしか指定していませんが、この**predict関数**は複数のファイルをまとめて渡して処理することもできます。こうした理由で、1つしか渡さない場合であっても、結果の**result**はリストとなります。今回のように1個しか渡していない場合、その結果は、**result[0]**に格納されます。

この**result[0]**には、物体が検出された位置、ラベル、確からしさなどのデータが含まれています。次のように**plotメソッド**を実行すると、位置やラベル、確からしさを画像として描いたデータに変換できます。下記では、その変換した画像データをresultdataという名前の変数に格納しました。

```
resultdata = result[0].plot()
```

色を入れ替える

原理としては、これをImageデータ化すれば表示できるのですが、そのまま変換すると、色がおかしくなります。それはデータが、**「B（Blue=青）」「G（Green＝緑）」「R（Red＝赤）」の順**で格納されているためです。Imageデータは、**「R（赤）」「G（緑）」「B（青）」の順**であるため、そのままImageデータ化すると、赤と青が入れ替わってしまいます。

そこでImageデータに変換する前に、赤と青を入れ替えます。入れ替えるには、**OpenCVモジュール**に含まれている関数を使います。OpenCVもPillowと同様に、Pythonの標準のモジュールではないので、本来は別途インストールしなければならないものです。しかし、こちらもYOLOv8が必要とするモジュールなので、YOLOv8をインストールしたときに一緒にインストールされているため、インポートするだけで使えます。OpenCVのパッケージ名は「**cv2**」です。

```
import cv2
```

BGR形式からRGB形式に変換するには、次のように**cvtColor関数**を実行します（左辺の変数名はresultrgbとしましたが、別の名前でもかまいません）。

```
resultrgb = cv2.cvtColor(resultdata, cv2.COLOR_BGR2RGB)
```

こうして変換したデータを**Imageデータ**に変換します。**fromarray関数**を使います。

```
resultimg = Image.fromarray(resultrgb)
```

ここまでできたら、あとはいままでと同じです。**PhotoImageデータ**に変換すれば、キャンバスに配置できます。

```
pimg = ImageTk.PhotoImage(image = resultimg)
beforeimg = canvas.create_image(0, 0, image = pimg, anchor = tk.NW)
```

図8-5-2 YOLOv8で処理した画像を表示するまでの流れ

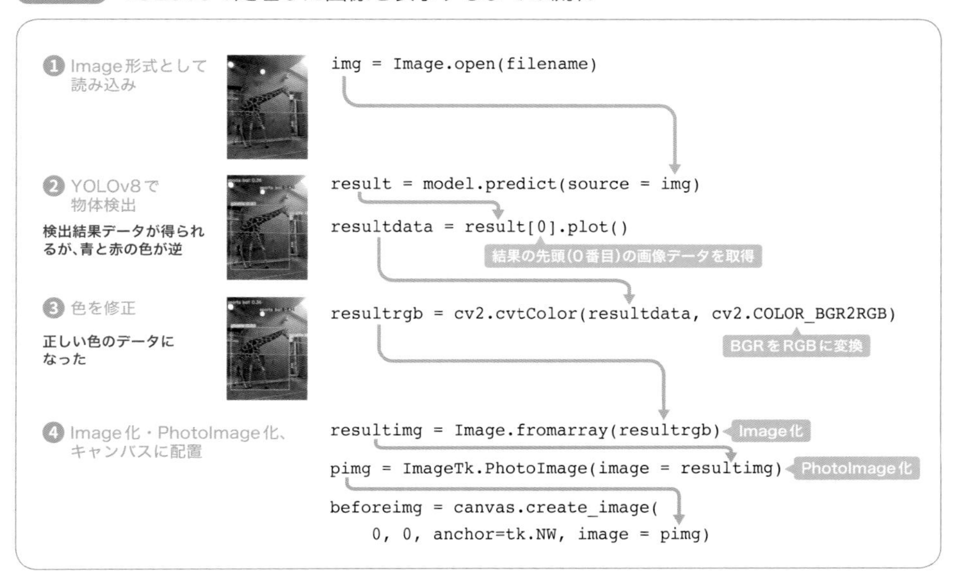

以上で完成です。完成したプログラムを、**example08-05-01.py**に示します。これで［開く］ボタンをクリックしてファイルを選ぶと、そのファイルが物体検出され、ウィンドウに、その結果が表示されます **(図8-5-3)**。

MEMO

最初にウィンドウが表示されるまで、しばらく時間がかかります。これはYOLOv8のモデルの準備に、少し時間を要するためです。

List example08-05-01.py

```
01 import tkinter as tk
02 import tkinter.messagebox as tmsg
03 from tkinter import filedialog
04 from PIL import Image,ImageTk
05 from ultralytics import YOLO
06 import cv2
07
08 # YOLOv8の準備
09 model = YOLO("yolov8n.pt")
10
```

（次ページへ続く）

（前ページの続き）

```
11  # 前回表示した画像
12  beforeimg = None
13  
14  # ファイルを開く処理
15  def ButtonClick():
16      global beforeimg, pimg
17      # 開くファイルを尋ねる
18      filename = filedialog.askopenfilename(
19          filetypes = [("画像ファイル", "*.jpg;*.png;")])
20          # MacOSの場合は上記を下記に変更
21          # filetypes=[("JPEG形式", "*.jpg"), ("PNG形式", "*.png")])
22      if filename:
23          # 前回の画像を削除
24          if beforeimg is not None:
25              canvas.delete(beforeimg)
26  
27          # 画像を読み込む
28          img = Image.open(filename)
29  
30          # YOLOv8で物体検出する
31          result = model.predict(source = img)
32          # 結果の画像データを取得
33          resultdata = result[0].plot()
34          # BGR形式をRGB形式に変換する
35          resultrgb = cv2.cvtColor(resultdata,
    cv2.COLOR_BGR2RGB)
36          # Imageデータ化する
37          resultimg = Image.fromarray(resultrgb)
38  
39          # PhotoImage形式に変換
40          pimg = ImageTk.PhotoImage(image = resultimg)
41          # 画像の配置
42          beforeimg = canvas.create_image(0, 0, anchor = tk.NW,
    image = pimg)
43  
44  # ウィンドウを描く
45  root = tk.Tk()
46  root.geometry("1024x1024")
47  
48  # キャンバスを置く
49  canvas = tk.Canvas(root, width = 1024, height = 768, bg = "white")
50  canvas.place(x = 0, y = 0)
51  
52  # [開く]ボタンを置く
53  openbutton = tk.Button(root, text="開く",
54      font=("Helvetica", 14), command=ButtonClick)
55  openbutton.place(x = 30, y = 900)
56  
```

（次ページへ続く）

（前ページの続き）

```
57  # ウィンドウを表示する
58  root.mainloop()
```

図8-5-3 実行結果の例

Lesson 8-6

いろんなモノが検出できるようになります

画像を学習させよう

物体検出できるようになったところで、新しい画像を覚えさせてみましょう。そのためには、何十枚かの写真を撮影し、どこに何が写っているのかというデータと結びつけた学習用のデータを作って、それらを読み込ませます。

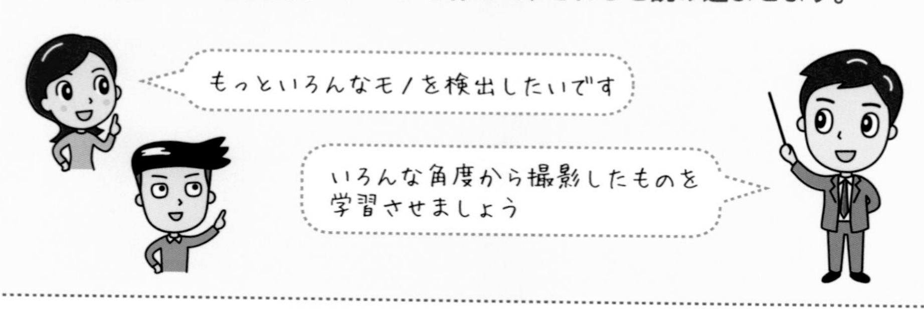

お菓子の種類を覚えさせる

最初の状態では、動物や人物、乗り物など、基本的な物体は検出できますが、特定の商品までは検出できません。そこで、特定の商品を検出できるように覚えさせてみましょう。

ここでは例として、明治の「**きのこの山**」と「**たけのこの里**」を覚えさせてみます。

アノテーションツールを使う

覚えさせるには、対象を写した写真を何十枚か用意し、「**アノテーションツール**」と呼ばれるツールを使って、「ここにはこういう物体が写っている」というデータを作ります。作成したデータを**yoloコマンド**を使って読み込ませると、それを学習した新しい**モデル**ができます。こうして作ったモデルを使うことで、学習した物体を検出できるようになります。

図8-6-1 学習の流れ

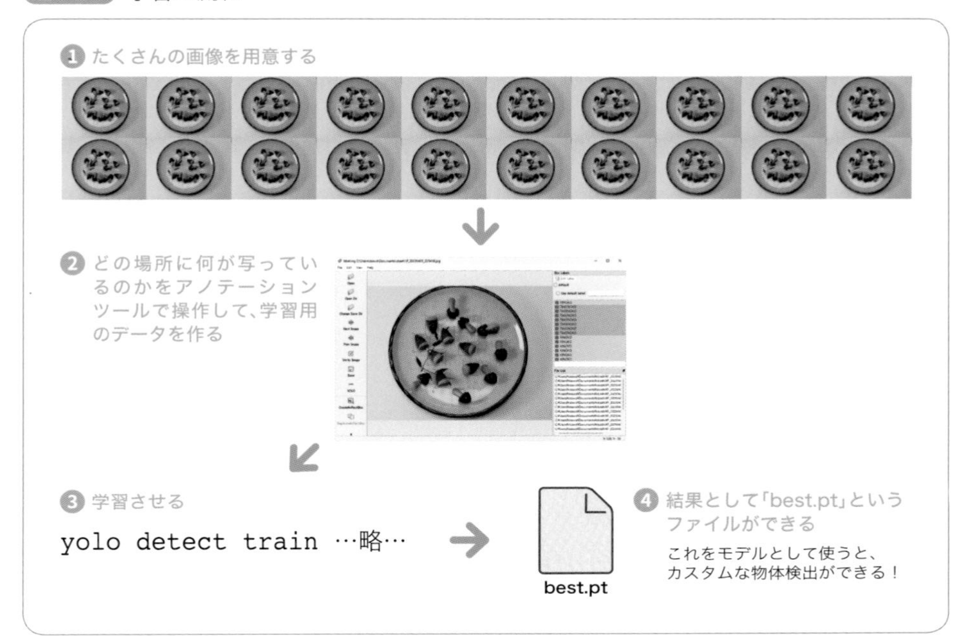

写真の準備とアノテーション

学習するには、実際に対象を写した写真が必要です。ここでは、お皿に「きのこの山」と「たけのこの里」を適度に並べた写真を20枚用意しました。画像のサイズが大きいと学習に時間がかかるため、これらの写真は適当なグラフィックソフト（フォトレタッチソフト）を使って、幅を640ピクセル以下にしておきます。

図8-6-2 お菓子を並べた写真を用意する

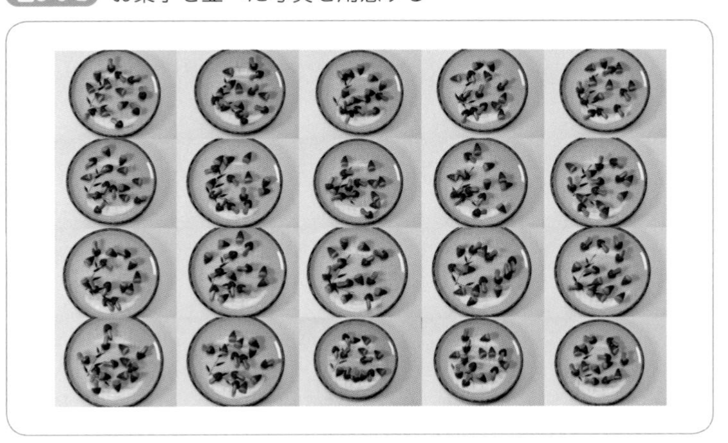

これらの写真に対して、どこに何が写っているのかを示した学習用のデータを作ります。この作業を**「アノテーション**（anotation：注釈という意味)」と言います。

具体的には、ツールを使って「きのこの山」や「たけのこの里」が写っている範囲を選択して、そこに「KINOKO」や「TAKENOKO」などの名称を付けます。こうして付ける名称のことを**「ラベル**（Label)」と言います。

図8-6-3 アノテーション

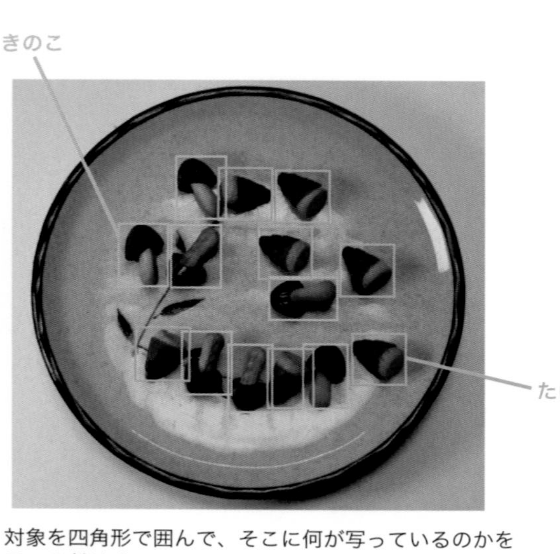

対象を四角形で囲んで、そこに何が写っているのかをラベル付けする。

もしかして、この作業を全部の写真に対してするのですか？

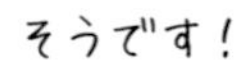

とても、大変な作業ではないですか？
写真は1枚や2枚ではダメですか？

ダメではないですが、100個前後は学習しないと、良い結果にはならないです。今回の例では、1つの写真に「きのこの山」と「たけのこの里」が7個ずつ写っているので、最低でも10枚（=7×10枚で70個）は、作業したいところです。

世の中の人工知能も、こうやってラベル付けしているのですか？

人工知能というか機械学習の学習方法には、今回のように、どんなデータかをラベル付けしたものを読み込ませる「教師あり学習」と、そうしたラベル付けをせずに、ただデータを読み込んでいくだけの「教師なし学習」の2つの方法があります。教師あり学習の場合は、ラベル付けしたデータをたくさん用意しなければなりません。人海戦術とも言えます。

だったら、その教師なし学習というのを使えばよいのではありませんか？

教師なしだと、「何が写っているのか」のデータがありませんから、今回のように「何が写っているか」を判定するような用途には使えません。教師なし学習は、「似たような形状のものを集める」とか「全体の傾向を見る」とか「データの並びの確率だけを調べる」とか、そういう目的に使うものです。

アノテーションして学習用のデータを作る

どの場所に何が写っているのかは、最終的には座標のデータとして作ります。たとえば、次のようなデータです。この4つの数値は、左上と右下の座標です。

```
「きのこの山」の種別番号　 0.294531 0.703125 0.120313 0.164583
「たけのこの里」の種別番号 0.292187 0.421875 0.090625 0.131250
```

こんなデータを手作業で作るのは大変なので、マウス操作でドラッグして枠を作りながら作業できるアノテーションツールを使って作ります。いくつかのアノテーションツールがありますが、ここでは、**LabelImg**というツールを使います。LabelImgのインストール方法については、**Appendix**（➡P.282）を参照してください。

MEMO

LabelImgは、Label Studio（https://labelstud.io/）というツールの一部になり、積極的な開発がされなくなりました。そのため、今後はLabel Studioを使うのが望ましいのですが、Label Studioは高性能でインストールや操作の方法が少し複雑です。そこで本書では、少し古いですがインストールや操作が簡単なLabelImgを使って、ラベル付けすることにします。

LabelImgを起動すると、**図8-6-4**の画面が表示されます。この画面から次のように操作して、アノテーション作業をしていきます。

図8-6-4 LabelImgを起動したところ

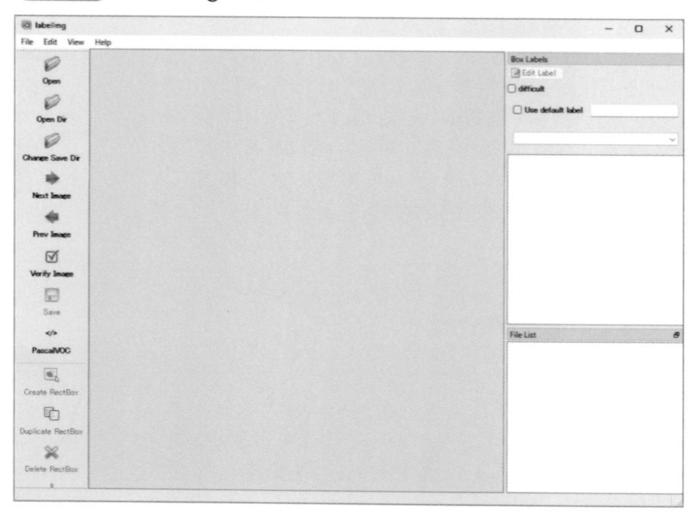

① 対象ファイルをフォルダにまとめる

アノテーションの対象になるファイル（前掲の**図8-6-2**に示したファイル群）を、1つのフォルダにまとめておきます。たとえば「ドキュメント」フォルダ（Macは「書類」フォルダ。以下同じ）以下の「**okashi**」（お菓子のローマ字表記）フォルダに入れておきます。

図8-6-5 対象を1つのフォルダにまとめておく

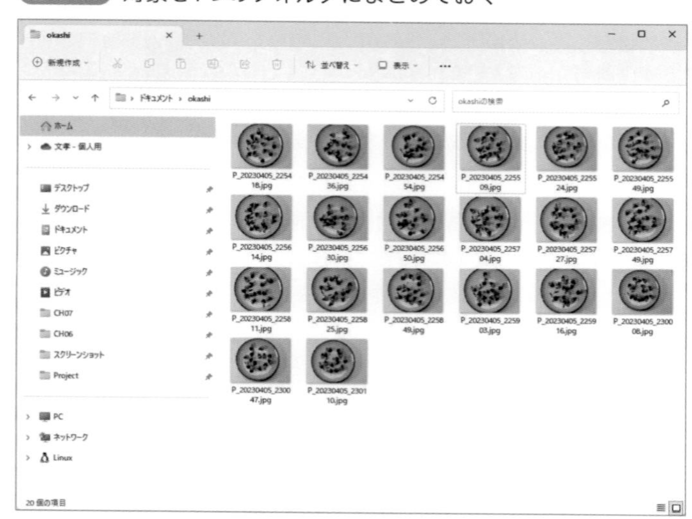

❷ 画像フォルダを開く

LabelImgで **[Open Dir]**（Macは［ディレクトリを開く］）ボタンをクリックして、手順❶で用意したフォルダを開きます。

図8-6-6 画像フォルダを開く

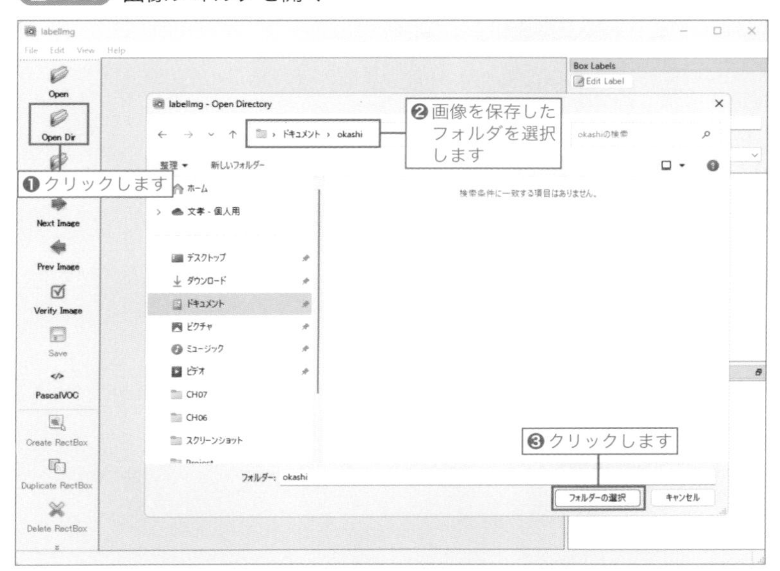

❸ 保存するファイルの種類を変更する

アノテーション前に保存するファイルの種類をYOLOの形式に変更しておきます。
画面左側の **[PascalVOC]** と表示されている部分をクリックして、「**YOLO**」に切り替えます。

図8-6-7 ファイル形式をYOLOに変更する

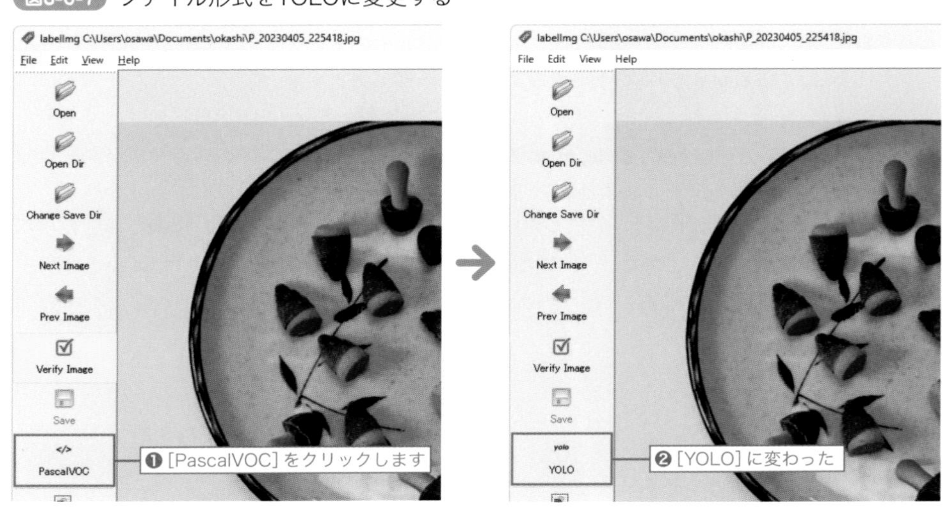

❹ 保存先のフォルダを作成して保存先を変更する

次に、アノテーションしたデータを保存するフォルダを指定します。
最初に保存先のフォルダを作っておきます。どのようなフォルダでもよいですが、ここでは、ドキュメントの下に［okashi_data］（お菓子データのローマ字表記）というフォルダを作っておきます。そして **［Change Save Dir］**（Macは［保存先を変更する］）ボタンをクリックし、そのフォルダを選択します。

図8-6-8 保存先のフォルダを変更する

❺ ラベル付けする

ここまでの流れでは、手順❷で選んだフォルダの1枚目の画像が表示されているので、範囲を選択してラベル付けしていきます。「マウスで枠を決める」→「その枠に何が写っているかをラベル付けする」という手順で進めます。

まずは左側の **［Create RectBox］**（Macは［矩形を作成する］）ボタンをクリックすると範囲選択できるようになるので、画像の範囲をドラッグします。
ラベルを設定するダイアログボックスが表示されるので、その画像に適したラベルを設定します。ここでは、「きのこの山」については「KINOKO」、「たけのこの里」については「TAKENOKO」とラベル付けします。

図8-6-9 ラベル付けする

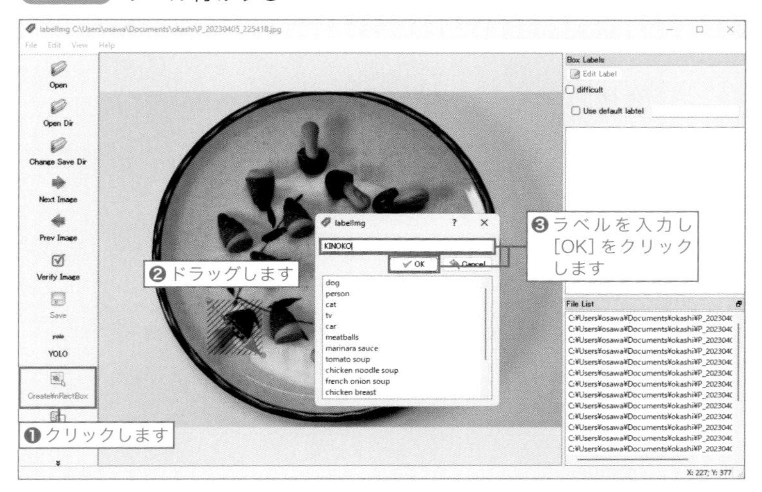

6 保存する

この操作を、写っているすべての対象について行います。すべてのラベルを付け終わったら、**[Save]**（Macは［保存する]）ボタンをクリックして保存します。

図8-6-10 すべてにラベル付けして保存する

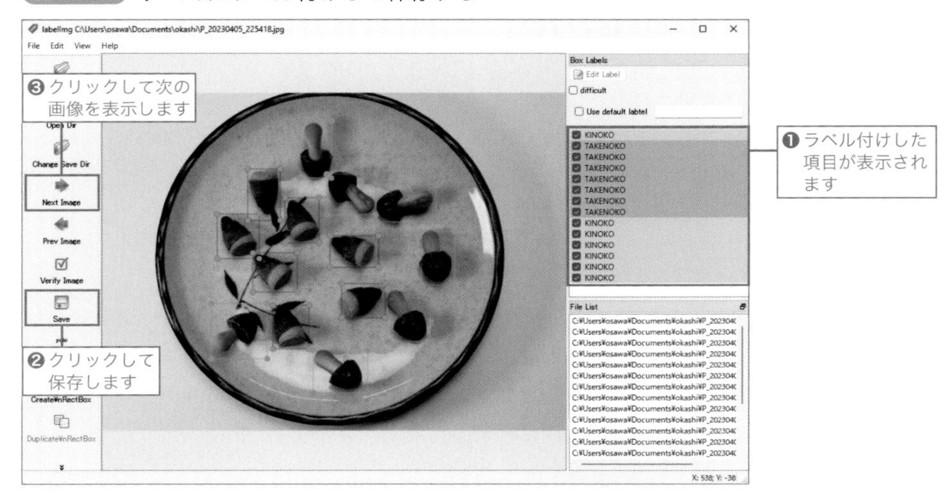

7 残りの画像も同様に操作する

[Next Image]（Macは［次の画像]）ボタンをクリックして次の画像を開き、残りの画像も同様にしてラベル付けしていきます。

COLUMN ○ ○ ○ ○ ○ ○ ○ ○ ○ ○

効率良くラベル付けする

効率良くラベル付けするには、キーボード操作を併用したり、種類ごとにまとめて設定するなどの工夫をするとよいでしょう。

- [Create RectBox]（Macは［矩形を作成する]）ボタンをクリックして範囲を選択する操作は、キーボードのWキーで操作できます。
- ラベルは、前回の設定値が残っているので、例えば「きのこの山」だけを先に連続して選び、その後に「たけのこの里」だけを連続して選ぶというように、種類ごとにまとめて操作するとラベルを選ぶ手間を省けます。
- ラベル付けした項目は、**図8-6-10**に示したように右側に一覧で表示されます。ラベルを間違えたときは、リストの項目名をダブルクリックすると、再設定できます。
- 範囲を間違えたときは、Windowsでは、その範囲をクリックして選択し、Deleteキーを押すと削除できます。Macの場合は、範囲を右クリックして［矩形を削除する］を選択します。

学習用データを置いたフォルダを作る

ラベル付けが終わったら、LabelImgを終了して、保存されたデータを確認してみましょう。保存先として指定したフォルダ（ここでは、「ドキュメント」の下の「okashi_data」フォルダ）にアノテーションが完了したファイル群が保存されているので、エクスプローラーなどで開いて、その中身を確認しましょう。

classes.txt

classes.txtは、ラベルの一覧が格納されたファイルです。それ以外のファイルは、画像ファイル名と同名のテキストファイルで、座標とラベルの対応が記述されています。20個の画像ファイルをラベル付けして保存したのであれば、ここには、それに対応する20個のテキストファイルが作られているはずです。

図8-6-11 ラベル付けしたデータを確認する

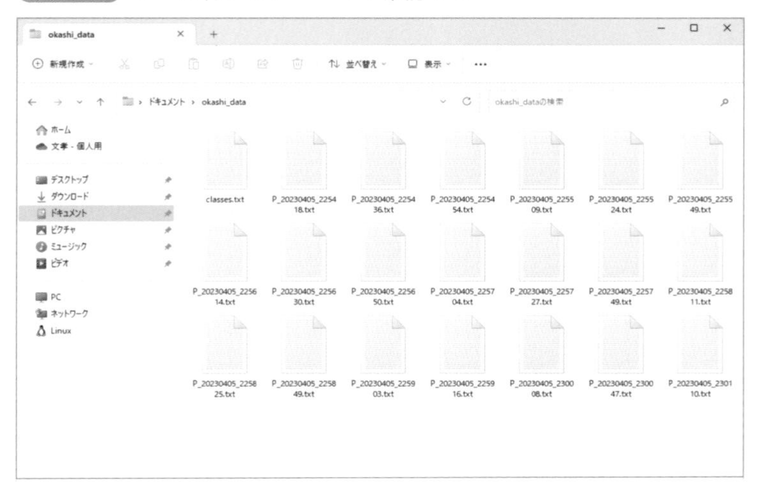

こうして作成したデータをYOLOv8に学習させていくのですが、機械学習の慣例として、データを「学習に使うデータ」と「正しく学習したかを確認するためのデータ」の2セットに分けて扱います。前者を**「訓練データセット」**、後者を**「検証データセット」**と言います。

ここでも慣例に従い、この20個のデータを「訓練用」と「検証用」の2つに分けます。両者は8対2ぐらいの比率で分けることが多いので、ここでもそれに従い、訓練用を20個×0.8=16個、検証用を20個×0.2＝4個に分けます。訓練用と検証用は、フォルダ分けして格納します。

まずは、「ドキュメント」フォルダ以下に「learn_okashi」というフォルダを作ります。その下に**「images」**というフォルダと**「labels」**というフォルダを作ります。前者は画像、後者はラベルのテキストを保存するためのフォルダです。それぞれのフォルダの下には、**「train」フォルダ**と**「valid」フォルダ**を作り、前者には訓練用の16個、後者には検証用の4個のファイルをそれぞれコピーします。

MEMO

機械学習では、「訓練」と「検証」の2セットに分けるのではなく、**「訓練」「検証」「テスト」の3セット**に分けることもあります。テスト用のデータは学習したモデルを使って実際に動作させ、うまく動作するかしないかを確認する際に使います。本来なら、学習したモデルをテスト用に残しておいたデータに適用して、実際にどの程度の精度で動くかを確認し、精度が悪ければ、よりたくさん学習させる、別の方法を試すなどで精度を高めていくのですが、本書では、こうした精度を高める行程の話は割愛します。

図8-6-12 学習用データを置いたlearn_okashiフォルダを作る

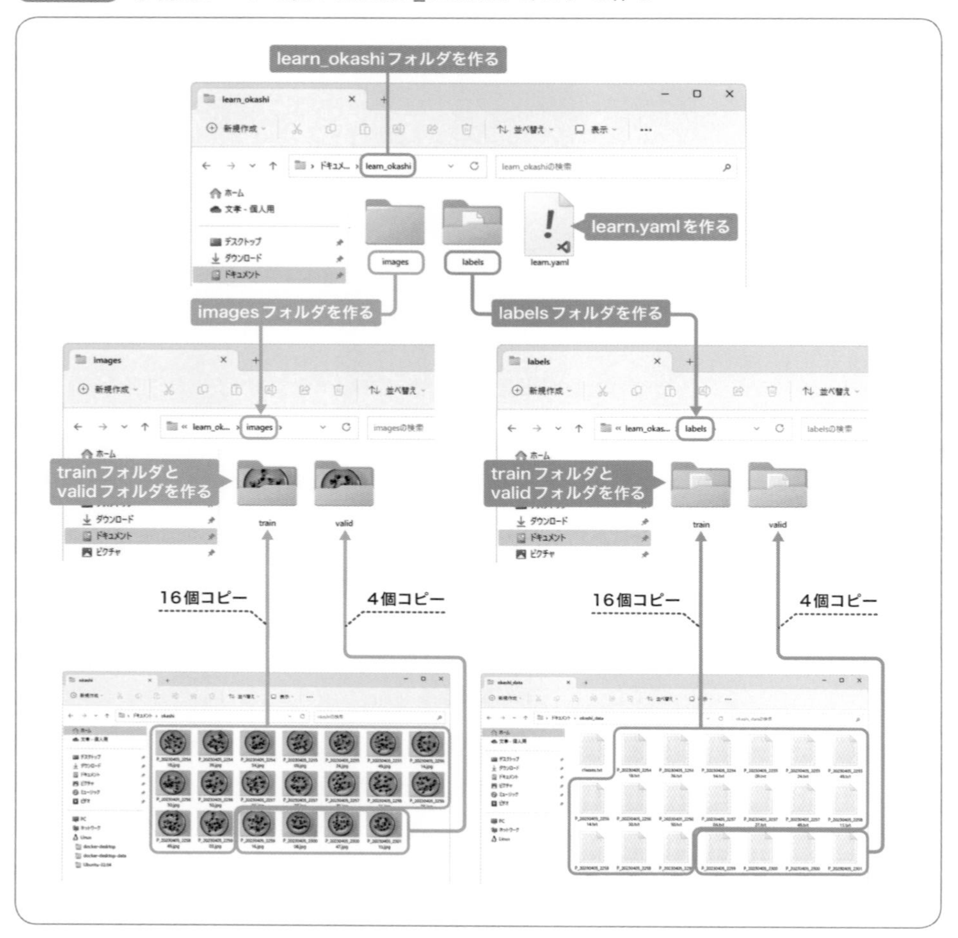

このようにファイルを配置したら、次に、このフォルダの位置や含まれている物体のラベルや数などを指定した**learn.yaml**というファイルを「learn_okashi」フォルダに作ります（ファイル名は任意ですが、拡張子は**.yaml**でなければなりません）。

learn.yamlの内容を次ページに示します。**path**は「learn_okashi」を配置したフォルダ名です。実際のフォルダ名に合わせてください。**names**はラベルの一覧、**nc**はラベルの総数です。これは**classes.txt**に合うように記述します。

List Windowsの場合のlearn.yaml

```
01 path: C:¥Users¥ ユーザー名 ¥Documents¥learn_okashi
02 train: ./images/train
03 val: ./images/valid
04
05 nc: 17
06 names:
07 - dog
08 - person
09 - cat
10 - tv
11 - car
12 - meatballs
13 - marinara sauce
14 - tomato soup
15 - chicken noodle soup
16 - french onion soup
17 - chicken breast
18 - ribs
19 - pulled pork
20 - hamburger
21 - cavity
22 - KINOKO ──「きのこの山」のラベル
23 - TAKENOKO ──「たけのこの里」のラベル
```

図8-6-13 learn.yamlの意味

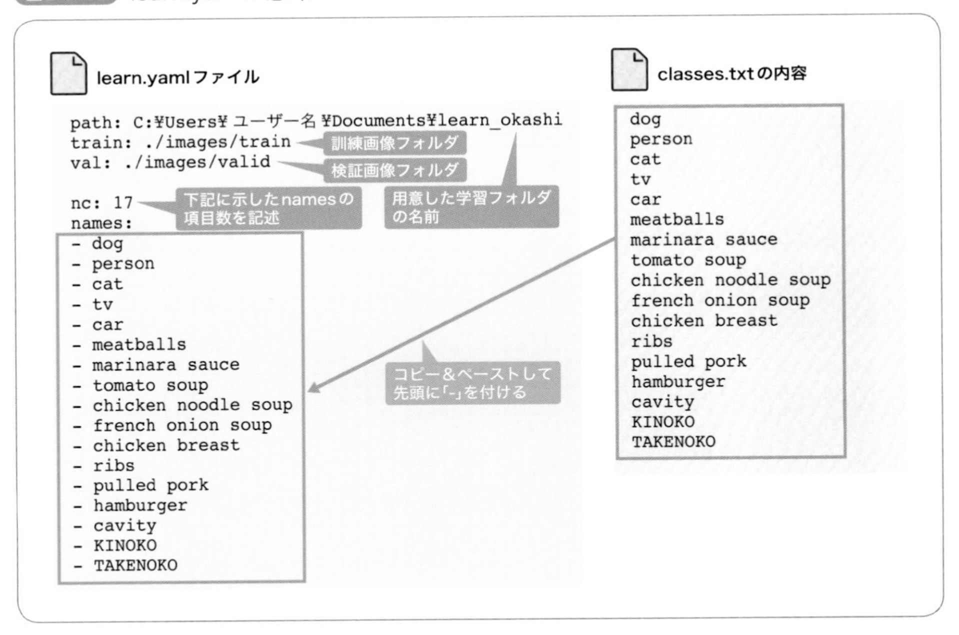

学習する

これで準備が整いました。**yoloコマンド**を使って学習します。

Windowsの場合

コマンドプロンプトを開き、まずは、次のコマンドを入力して実行します。

これは、作業するフォルダを「ドキュメント」フォルダに変更するものです（Windowsのコマンドであり、YOLOv8とは関係ありません）。

```
cd %userprofile%¥Documents [Enter]
```

> **MEMO**
>
> %userprofile%はユーザーのプロファイルが置かれているフォルダで、通常「C:¥Users¥ユーザー名」に置換されます。つまり、上記のコマンドは「cd C:¥Users¥ユーザー名¥Documents」と同じ意味です。cdは作業フォルダを変更するWindowsの命令です。

次に、**yoloコマンド**を実行します。**data**に指定しているのは用意したYAMLファイル名、**model**はベースとするモデル、そして**project**は保存先のフォルダと名称です。ここではyoloresultフォルダを指定しており、**name**にokashiを指定しています。そうすると、学習結果が「yoloresult」フォルダの下にある「okashi」フォルダの中に作成されます。

```
yolo detect train data=learn_okashi¥learn.yaml model=yolov8n.pt
project=.¥yoloresult name=okashi [Enter]
```

学習は、繰り返し行われます。繰り返し回数は、**Epoch（エポック）**という単位で表現します。デフォルトでは100エポック繰り返すので、CPU性能にもよりますが、1～2時間かかることもあります。

図8-6-14 学習中の様子

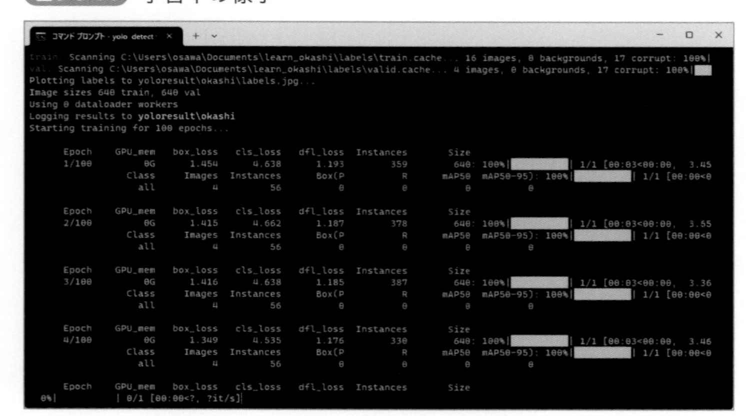

学習が完了したら、**projectオプション**と**nameオプション**で指定した場所——今回の例ではyoloresultフォルダの下のokashiフォルダを確認してみましょう。学習済みのモデルがファイルとして存在するはずです。

たくさんのファイルがありますが、結果として必要なのは、**weightsフォルダ**に格納されたファイルです。このフォルダには、**best.pt**（最適な結果）と**last.pt**（最後の結果）があり、特に理由がなければ**best.pt**を使います。

図8-6-15 学習結果のファイルを確認したところ

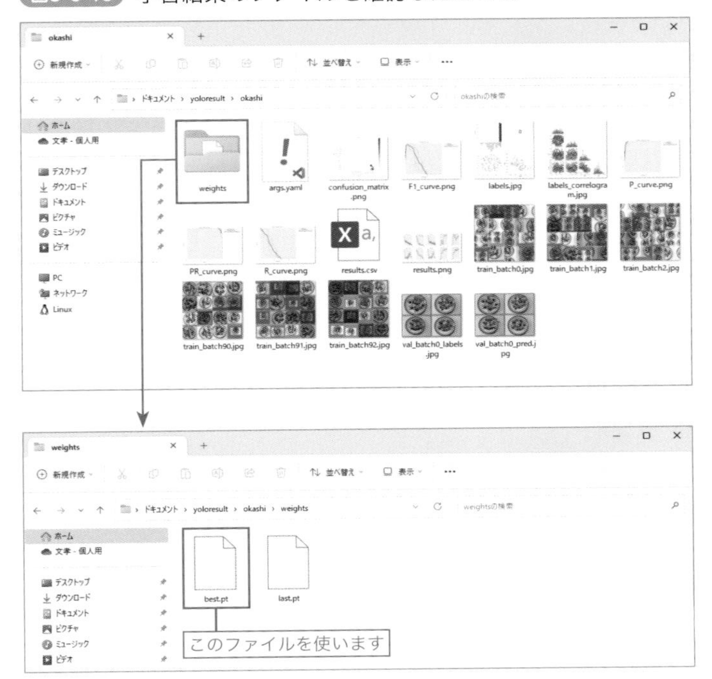

Macの場合

Macの場合もWindowsと同様に、学習用フォルダを作ります。たとえば「書類」フォルダ（/Users/ユーザー名/Documents）の下に「learn_okashi」フォルダを作り、Windowsの場合と同様に必要なファイルをコピーします。

そして、**learn.yamlファイル**を作ります。内容はWindowsの場合とほとんど同じですが、**path**で指定するフォルダが異なります。

List Macの場合のlearn.yaml

```
01 path: /Users/ユーザー名/Documents/learn_okashi
02 train: ./images/train
```

（次ページへ続く）

（前ページの続き）

```
03  val: ./images/valid
04
05  nc: 17
06  names:
07  - dog
08  - person
09  - cat
10  - tv
11  - car
12  - meatballs
13  - marinara sauce
14  - tomato soup
15  - chicken noodle soup
16  - french onion soup
17  - chicken breast
18  - ribs
19  - pulled pork
20  - hamburger
21  - cavity
22  - KINOKO——「きのこの山」のラベル
23  - TAKENOKO—「たけのこの里」のラベル
```

必要なファイルを準備できたら、ターミナルから次のコマンドを入力して、学習を始めます。ここでは**project**と**name**に、それぞれyoloresultとokashiを指定しています。そのため、結果は「yoloresult」フォルダの下にある「okashi」フォルダに格納されます。

```
cd ~/Documents/ return
yolo detect train data=learn_okashi/learn.yaml model=yolov8n.pt
project=./yoloresult name=okashi return
```

学習したモデルを使って物体検出する

このようにして保存された新しいモデル「okashi」を使えば、学習した結果、つまり「きのこの山」と「たけのこの里」の判別ができます。

下記に動作テスト用の画像を置いているので、この画像で確認してみましょう。

▶ **http://www.sotechsha.co.jp/sp/1321/okashi.jpg**

この画像に対して、標準で提供されているモデル「yolov8n.pt」を使って次のように物体検出すると、リンゴに形状が似ているらしく、2つのappleが検出されました。

（前ページの続き）

```
59            # 画像の配置
60            beforeimg = canvas.create_image(0, 0,
    anchor=tk.NW, image = pimg)
61
62        # ふたたび、一定時間後に実行されるようにする
63        root.after(20, ReadCamera)
64
65    # ウィンドウを描く
66    root = tk.Tk()
67    root.geometry("640x600")
68
69    # キャンバスを置く
70    canvas = tk.Canvas(root, width = 640, height = 480, bg = "white")
71    canvas.place(x = 0, y = 0)
72
73    # ラベルを作る
74    kinoko_label = tk.Label(root, text=" きのこ：0",
75    font=("Helvetica", 24))
76    kinoko_label.place(x = 30, y = 500)
77    takenoko_label = tk.Label(root, text=" たけのこ：0",
78    font=("Helvetica", 24))
79    takenoko_label.place(x = 300, y = 500)
80
81    # カメラのキャプチャを開始する
82    camera = cv2.VideoCapture(0)
83
84    # 20 ミリ秒（0.02 秒）後に ReadCamera 関数が実行されるようにする
85    root.after(20, ReadCamera)
86
87    # ウィンドウを表示する
88    root.mainloop()
```

図8-6-18 example08_06_01.pyの実行結果

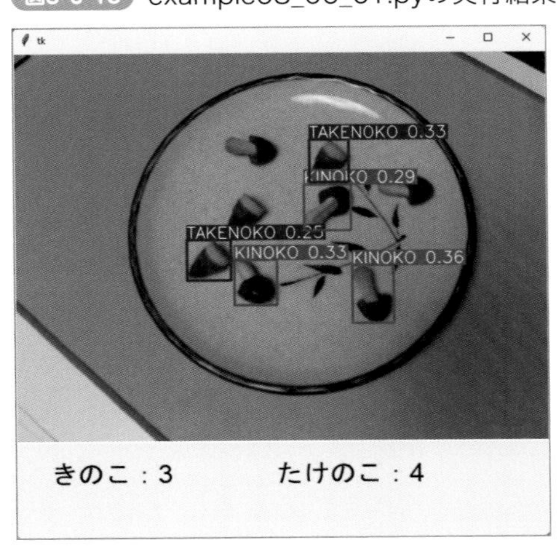

COLUMN ○ ○ ○ ○ ○ ○ ○ ○ ○ ○

さまざまなPython

本書では、主に統合開発環境のIDLEを使って開発してきましたが、他にもPythonでプログラミングする方法はあります。代表的な方法は、2つあります。

◆Visual Studio Codeを使った開発

編集するエディタとして、マイクロソフト社の「Visual Studio Code」(以下、VS Code)を使う方法です。VS Codeは無料の統合開発環境で、Python以外にもさまざまなプログラミングによく使われるソフトです。

VS CodeにはPythonのインタプリタは含まれないので、本書の手順と同じようにPythonのインストールが必要です。

◆Jupyter Notebookを使った開発

「Jupyter Notebook」(「ジュパイターノートブック」または「ジュピターノートブック」と読みます)は、ブラウザで動くPythonの統合開発環境です。

Jupyter Notebookをインストールして、ブラウザで開くとプログラムの入力欄が表示されます。表示された入力欄にPythonのプログラムを入力して、[Run] ボタンをクリックするとすぐに実行され、その結果が下に表示されます。実行結果をグラフで表示することもできます。

入力欄は追加したり移動したりもできるので、数行のPythonのプログラムを少しずつ試しながら実行しやすいのが特徴です。こうした特徴から、学習や研究、試作のときによく使われます。最近では、Pythonで機械学習をすることが増えていますが、機械学習ではデータを整理したり、傾向をグラフなどで可視化したりする場面が多くあり、こうした分野では特によく使われます。

Jupyter NotebookはPythonをインストールした環境で、コマンドラインやターミナルから次のようにしてインストールできます。

```
pip3 install notebook [Enter]
```

インストールしたら、次のようにして実行できます。

```
jupyter notebook [Enter]
```

◆Google Colaboratoryはインストール不要

また、GoogleはJupyter Notebookをベースに、ブラウザさえあれば自分のPCにインストールしなくてもすぐに使える「Google Colaboratory」を提供しています。

下記のURLにブラウザでアクセスすれば使えるので、是非、試してみてください。

https://colab.research.google.com/

Appendix

付録

Chapter 8では、アノテーションツールとして「LabelImg」を使っています。ここでは、LabelImgのインストール方法を説明します。

Appendix 1

アノテーションできる環境を設定しよう

LabelImgのインストール

LabelImgは、画像に対するアノテーションツールです。次のようにしてインストールします。

Windowsの場合

いくつか方法がありますが、下記のサイトからすぐに実行できるファイルをダウンロードすると簡単です。

▶ **https://github.com/heartexlabs/labelImg/releases**

Binary v1.8.1の［windows_v1.8.1.zip］をダウンロードしたら、適当なフォルダ（例えば、C:¥LabelImgなどのフォルダを作成）に展開します。

展開したファイルのlabelImg.exeをダブルクリックすると起動します。

図A-1 https://github.com/heartexlabs/labelImg/releasesからダウンロードする

図A-2 ダウンロードしたファイルを展開し、labelImg.exeを実行する

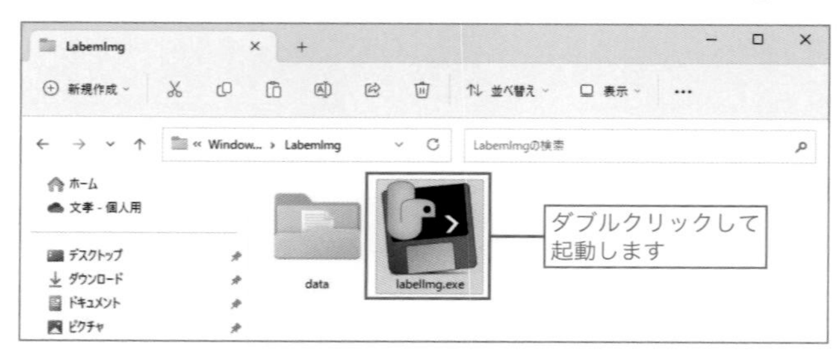

Macの場合

Macの場合もいくつかインストール方法があります。ここでは、最新のソースコードからインストールする方法を解説します。

操作方法は、Intel版の場合と、M1・M2版の場合で異なります。

❶ 必要なライブラリをインストールする

実行に必要なライブラリをインストールします。

【Intel版の場合】
```
pip3 install pyqt5 lxml return
```

【M1・M2版の場合】
```
pip3 install pyside6 lxml return
```

❷ ソースファイルをダウンロードする

次のコマンドを入力し、ソースコードをダウンロードします。labelImgフォルダが作成され、そのフォルダのなかに、ファイル一式が保存されます。

```
git clone https://github.com/heartexlabs/labelImg.git return
```

実行した際に「コマンドラインデベロッパツールが必要です。ツールを今すぐインストールしますか？」と尋ねられたら、[インストール] をクリックしてインストールします。その後、再び同じようにコマンドを入力して実行し直します。

図A-3 インストールするかを尋ねられたとき

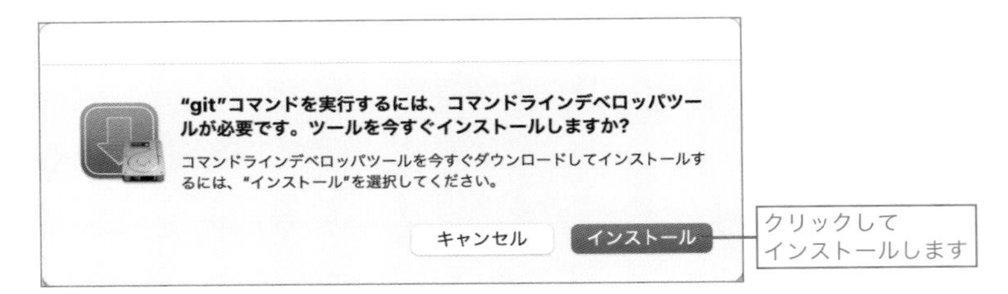

❸ フォルダを移動し、それぞれの版に切り替える

❷でダウンロードしたフォルダ（labelImgフォルダ）に移動します。M1・M2版の場合は、M1・M2版のソース（pyside6という版の名前が付いています）に切り替えます。

【Intel版の場合】
```
cd labelImg return
```

【M1・M2版の場合】
```
cd labelImg return
git checkout pyside6 return
```

④ labelImgを作成する

次のコマンドを入力します。labelImgの本体であるlabelImg.pyが作られます。

【Intel版の場合】
```
make qt5py3 return
```

【M1・M2版の場合】
```
make pyside6 return
```

実行した際に「コマンドラインデベロッパツールが必要です。ツールを今すぐインストールしますか？」と尋ねられたら、［インストール］をクリックしてインストールします。その後、再び同じようにコマンドを入力して実行し直します。

図A-4 インストールするかを尋ねられたとき

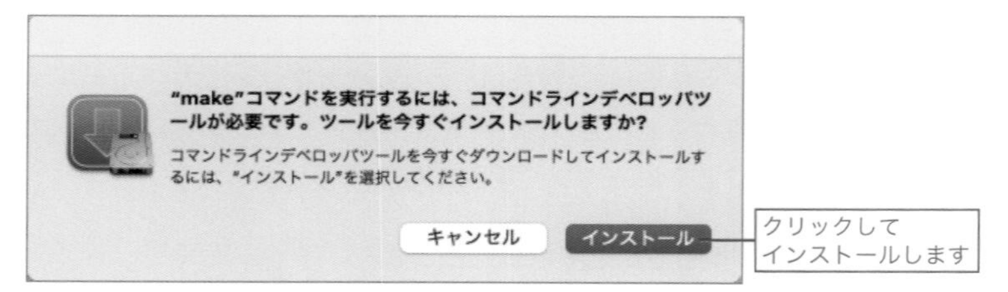

⑤ labelImgコマンドとして実行できるようにする

次のように入力して、「labelImg」というコマンドで実行できるようにします。

MEMO

「'」（シングルクォーテーション）と「`」（逆クォーテーション）の違いに注意してください。pwdの前後は「`」、それ以外は「'」です。

```
alias labelImg='python3 '`pwd`'/labelImg.py' return
```

これでインストール完了です。

以降、ターミナルから「labelImg」と入力すると、labelImgが起動します。

MEMO

aliasの設定は、ターミナルを閉じると失われます。ターミナルを開いたときには、再度、labelImgをインストールしたフォルダ（labelImgフォルダ）に移動（cd labelImg）してから、上記のaliasコマンドを再入力してください。なお、ターミナルを閉じても失われないようにするには、この設定を「.zprofile」というファイルに記述する方法もありますが、本書の範囲を超えるので、ここでの説明は割愛します。

図A-5 MacでlabelImgを起動したところ

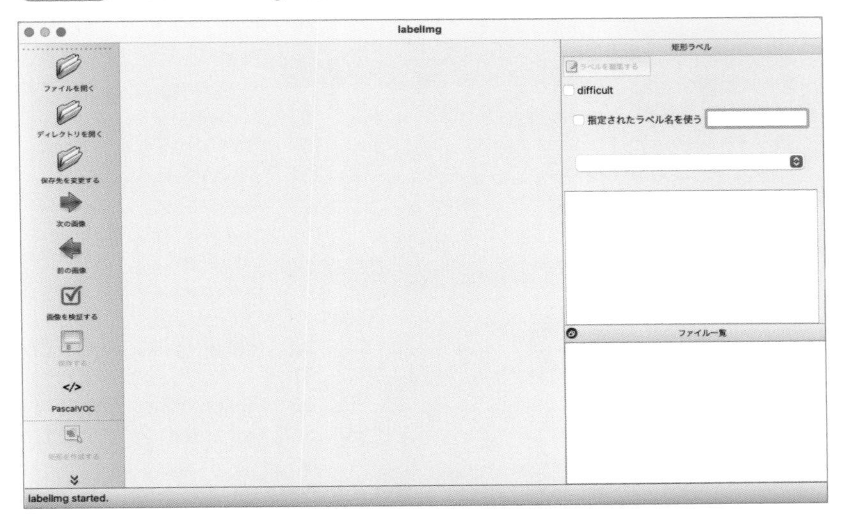

INDEX

著者紹介

大澤 文孝（おおさわ ふみたか）

技術ライター。プログラマー。情報処理技術者（情報セキュリティスペシャリスト、ネットワークスペシャリスト）。雑誌や書籍などで開発者向けの記事を中心に執筆。主にサーバやネットワーク、Webプログラミング、セキュリティの記事を担当する。近年は、Webシステムの設計・開発に従事。

主な著書

「ちゃんと使える力を身につける Webとプログラミングのきほんのきほん」（マイナビ出版）、「AWS ネットワーク入門」「AWS Lambda実践ガイド」「できるキッズ 子どもと学ぶJavaScriptプログラミング入門」（以上、インプレス）、「Amazon Web Services 基礎からのネットワーク&サーバー構築」「さわって学ぶクラウドインフラ docker基礎からのコンテナ構築」（以上、日経BP）、「ゼロからわかる Amazon Web Services超入門 はじめてのクラウド」（技術評論社）、「いちばんやさしい Git入門教室」（ソーテック社）、「プログラミングの玉手箱」「Python10行プログラミング」（以上、工学社）

◉カバー&本文イラスト：植竹裕
◉制作協力：株式会社 明治

いちばんやさしい Python入門教室【改訂第2版】

（いちばんやさしい パイソンにゅうもんきょうしつ【かいていだいにはん】）

2023年9月15日　初版　第1刷発行

著　　者	大澤文孝
装　　丁	植竹裕（UeDESIGN）
発 行 人	柳澤淳一
編 集 人	久保田賢二
発 行 所	株式会社ソーテック社 〒102-0072　東京都千代田区飯田橋4-9-5　スギタビル4F 電話（注文専用）03-3262-5320　FAX 03-3262-5326
印 刷 所	大日本印刷株式会社

Printed in Japan
ISBN978-4-8007-1321-6